图 2-1 宁杞 7 号一年生硬
枝扦插苗

图 2-2 枸杞定植前节水槽整地

图 2-3 枸杞园春灌

图 2-4 枸杞冬季整形修剪

U0272278

图 2-5 机械喷药

图 2-6 枸杞鲜果热风烘干生
产现场

图 3-1 苦水玫瑰盛花期

图 3-2 苦水玫瑰花朵盛开状

图 3-3 新采集的玫瑰花瓣

图 3-4 鲜艳的苦水玫瑰花朵

图 3-5 苦水玫瑰花开初期

图 3-6 苦水玫瑰移植苗

图 3-7 玫瑰花
蕾晾晒

图 4-1 红梅杏

图 4-2 杏
树嫁接

图 4-3 黄土丘陵区
旱塬红梅杏

图 4-5 杏树高
接换头

图 4-6 杏树大棚建园

图 5-1 原州
早酥梨

图 5-2 旱塬地四
年生梨园

图 5-3 地膜覆盖
增温保墒

图 5-4 冬春季梨树
整形修剪

图 5-5 梨树疏果

图 6-1 油蟠桃

图 6-2 新定植的桃树

图 6-3 桃树盛花期

图 6-5 蚜虫为害桃新梢

新型职业农民培育·农村实用人才培训系列教材

经济林栽培新技术

苨　贤　韩映晶　姚亚妮　田　瑛　**等著**

中国农业科学技术出版社

图书在版编目（CIP）数据

经济林栽培新技术／恿贤等著.—北京：中国农业科学技术
出版社，2015.12
ISBN 978 - 7 - 5116 - 2437 - 6

Ⅰ.①经…　Ⅱ.①恿…　Ⅲ.①经济林 - 栽培技术　Ⅳ.①S727.3

中国版本图书馆 CIP 数据核字（2015）第 317384 号

责任编辑　闫庆健　徐春富
责任校对　贾海霞

出 版 者　中国农业科学技术出版社
　　　　　北京市中关村南大街 12 号　邮编：100081
电　　话　(010)82106632(编辑室)　　(010)82109704(发行部)
　　　　　(010)82109709(读者服务部)
传　　真　(010)82106625
网　　址　http://www.castp.cn
经 销 者　各地新华书店
印 刷 者　北京富泰印刷有限责任公司
开　　本　710mm ×1 000mm　1/16
印　　张　9.25　　彩插　6 面
字　　数　166 千字
版　　次　2015 年 12 月第 1 版　2017 年 2 月第 2 次印刷
定　　价　25.00 元

《经济林栽培新技术》
编 委 会

主　　任　李宏霞

副 主 任　杜茂林　恵　贤

编　　委　陈　勇　姚亚妮　海小东　王锦莲
　　　　　窦小宁　王文宁

著者名单

主　　著　恵　贤　韩映晶　姚亚妮　田　瑛

副 主 著　张全生　陶文焰　李　静　吴建忠
　　　　　宋建虎　王文宁

参　　著　刘德海　陈　勇　海小东　王锦莲
　　　　　牛道平　王文宁　窦小宁　周彦明
　　　　　雍海虹　马志成　张金文　蔡晓波
　　　　　冯　祎

前　言

　　宁夏回族自治区南部山区海拔高，土地、光热资源丰富，昼夜温差大，适合发展经济林。随着农村小康社会建设步伐的进一步加快，以及生态林业与民生林业的协调可持续发展，为挖掘本地林果资源潜力，积极调整农村产业结构，促进地方经济发展，我们组织人员撰写了《经济林栽培新技术》一书。

　　本书从适地适树、防害避灾、市场适销三个大的方面，在详尽综述经济林栽培基础知识的基础上，重点介绍了宁夏枸杞、苦水玫瑰、杏、梨、桃等适合当地发展的经济林木栽培技术，涵盖了品种介绍、苗木培育、园地建立、整形修剪、嫁接改造、设施栽培、土肥水管理、有害生物控制、采收制干分级、贮藏保鲜、市场发展前景等方面内容。

　　本书内容新颖充实，技术详尽实用，语言通俗易懂，实践性突出，可操作性强，是一本很好的新型职业农民和农村实用人才培训教材，也适合于林业技术人员学习参阅。本书在编写过程中，引用了专家学者、同行的有关资料，同时也得到许多同行和老师的指导与帮助，在此一并表示感谢。由于著者水平有限，书中不妥之处在所难免，敬请广大读者批评指正。

著　者

2015 年 10 月

目　录

经济林栽培概述

第一节　经济林树木的概念、效益及生长发育周期

一、经济林的概念及效益

（一）经济林的概念

经济林是指以生产果品、食用油料、饮料、调料、工业原料和药材为主要目的林木。

（二）经济林的效益

经济林的直接效益有：果品、油料、药材以及其他林副土特产品、木材及枝柴（燃料）。

经济林的间接效益有：生态效益——水土保持、水源涵养、防风固沙、固岸护堤、净化水质和大气、降低噪声、庇荫遮雨；观赏效益——树姿、树叶、花果、造景；其他效益——国防、科学研究、科普。

二、经济树木生长发育周期

生长，又称营养生长，是指经济树木个体重量和体积的变化，即量的变化。这种变化从个体形成到衰老以前是不断增加的，而在衰老以后则开始逐渐减小，即所谓负生长。发育，又称生殖生长，是指经济树木生活史中，组织和器官的构造和功能从简单到复杂的变化过程，即性的成熟。

生长和发育存在密切的相关性。营养生长是生殖生长的基础，开花结实是营养生长积累到一定程度的必然结果，二者伴随进行。

经济树木生长发育周期包括生命周期和年周期两个过程。

（一）生命周期

雌雄配子受精成为合子，进而发育成胚和种子，种子萌发后形成苗木，苗木

进一步生长发育成大树，开花结实，最后衰老死亡。这一经济树木个体从形成到繁荣、到衰老死亡的整个过程，称为经济树木的生命周期。

1. 营养生长期

在栽培技术措施上，保成活、促生长、形成良好的骨架结构是此期的主要追求目标。

2. 造林后

造林后要连续 2 次或 3 次浇水或在树盘上覆膜，秋季造林要对苗木培土防寒保墒，有条件的地方可在苗干上套袋，雨季要连续松土除草，及时防治病虫害，以提高新建经济林的成活率和保存率。

3. 生长期

要加强肥水管理，采取浇水、施肥、覆膜、覆草、压青、中耕及深翻扩穴等措施，改善土壤结构和理化性质，培肥土壤，提高土壤肥力，以促进幼树生长。

4. 整形修剪期

根据树种及品种特性、立地条件、栽植密度等因素，对幼树进行定干和整形，促进分枝和树冠的形成，培养透光良好、结构稳定而丰满的树形。

注意事项：一些生产单位往往只顾眼前利益，不重视对幼树的整形修剪和肥水管理，过早地对幼树环剥、拉枝、摘心、刻芽，片面地追求早期产量，结果只能是杀鸡取卵，虽然收获期提早几年，但产量低、衰老快、效果差。

（1）初果期。这一时期要做好两个方面的工作：一是要加强土肥水管理，进一步促进树体健壮生长；同时要加强整形修剪工作。培养牢固的骨架结构和稳定的结果枝系，为经济林的丰产打下基础；二是合理浇水施肥，控制树体旺长，促进生长发育中心向生殖生长转化；同时要采取措施，加大枝条开张角度，改善树体的光照条件和营养状况，并采取各种辅助措施，促进开花结果。

（2）盛果期。要加强对林分的土、肥、水管理，特别要注意施足肥料，有条件的地方应进行土壤营养诊断和叶片营养诊断，以做到配方施肥，保证树体的营养平衡和健壮生长，防止因连年大量结果引起树体养分亏缺，树势下降。

通过合理修枝调整营养生长和开花结果的关系．改善树体光照状况，并结合疏花疏果确定一定的负载量，避免只顾眼前利益追求某一年份的高产。

在加强对果实病虫害防治的同时，加强对主干和叶片的病虫害防治。保护好叶片，延长功能叶的寿命。

（3）结果衰退期。加强土、肥、水管理，改善树体的营养状况，提高树势。在树体管理中要视树势的衰弱程度，采取不同强度的回缩修剪，并利用徒长枝经短截、摘心，培养新的结果枝组。加强病虫害的防治，保证树体健壮生长。

（二）年周期

在一年中，随着春季温度的升高，树液开始流动，继而萌芽、抽梢、展叶并开花坐果和果实生长发育；与此同时，地上部分进行着花芽分化，地下根系进行着分生和延长；秋季到来之后，生长速率逐渐减缓，营养物质开始回流并转入贮存态，叶片逐渐发黄脱落，树体进入休眠状态，这一过程称为经济树木生长发育的年周期。

1. 根系生长期

经济树木的根系一年中无自然休眠现象，但常因不良的土壤温度及水分状况而产生波动。根系活动起点温度较低，一般 3 ~ 5℃ 即开始生长，较地上部分为早。多数经济树种，一年中根系有 2 次或 3 次生长高峰。

3 月下旬至 4 月中、下旬随着土温的升高，根系生长加快，出现第一次生长高峰。4 月中旬以后，随着地上部分抽梢、展叶和开花坐果，根系生长逐渐减弱。

6—7 月，新梢速生期和果实迅速膨大期过后，根系出现第二次生长高峰，在此期间发根数量多、根系生长量大，速生期持续时间长。之后由于果实膨大和花芽分化对营养物质的消耗增加，根系生长减缓。

果实采收以后，树体营养状况明显改善，根系又出现第三次生长高峰。之后随着土温的降低，根系生长再度减缓。

2. 萌芽展叶期

萌芽展叶期的早晚及持续期的长短，主要受树种品种、气候条件特别是温度的影响。就同一树种而言，生长在低纬度、低海拔、阳坡的萌芽展叶期较早。同一树体上树冠不同部位的侧芽，同一枝条上处于不同节位上的芽子，因为环境条件、营养状况及生长物质浓度的差异，在饱满程度、生长势、萌芽力及芽子的性质等方面均存在着明显的差异，这种差异称为芽的异质性。

3. 新梢生长期

树种和品种特性、土壤肥水条件及树体营养状况、修剪甚至病虫害的危害等方面，都会影响经济树木的枝梢生长。一般落叶经济树种一年抽枝 1 次或两次，第一次为春梢，或再抽生 1 次秋梢。如板栗、核桃等树一年抽生 1 次梢，苹果、枣树一年可抽生 2 次梢，桃树、茶树一年可抽 4 次或 5 次梢。同一树种不同品种之间，抽枝特性有一定差异。如板栗，多数品种一年只抽生 1 次梢，但金丰、石丰等品种一年可抽生 2 次或 3 次梢。土壤肥水条件良好，树体营养生长旺盛，抽

枝次数增加。修剪能增加抽枝次数。如北方茶树在自然生长条件下一年抽梢 2 次或 3 次，在采芽条件下一年可抽梢 4 ~ 6 次。不同树龄，由于生长势不同，抽梢次数也不同。如乌桕，成年树一年抽梢 3 次，而幼龄树可抽梢 4 次或 5 次。

4. 花芽分化期

花芽分化的进程和质量受树种、品种树龄、经营水平和环境条件的影响。花芽分化依据其分化进程划分为生理分化期、形态分化期和性细胞分化期 3 个阶段：生理分化——在芽的生长点内由叶芽生理状态向花芽生理状态的转化过程，大致开始于开花以后 1 个月。形态分化期——各种花器官的分化发育过程，从生理分化到完成形态分化需要 1.5 ~ 4 个月，持续时间较长。性细胞分化期——花芽萌发以后、开花以前较短时间内完成。

5. 开花坐果期

经济树木的开花进程分为四个时期：显蕾期；开花始期（5% 的花开放）；开花盛期（50% 的花开放）；开花末期（仅剩下 5% 的花未开放）。

影响开花的因素有树种和品种、环境、位置效应。

花朵开放以后，花药开裂，花粉散出，在风力或昆虫的作用下传到雌蕊柱头，完成授粉。能否完成传粉不仅受天气和昆虫的限制，也受开花特征的影响。雌雄异株的树种，以及自花授粉结实率低的树种——有效传粉距离——授粉品种——坐果率。雌雄异熟性树种（核桃、乌桕）——花期不一致——自花授粉坐果率较低。生产中应根据具体情况，在营建经济林时配置一定比例的授粉树或授粉品种，保证正常的授粉需要。

6. 果实生长发育期

根据果实的体积、直径和重量的增长动态，可以将其生长发育过程分为 3 个时期：第一期为迅速膨大期，即从受精到发生生理落果之间的时间。此期果实细胞大量分裂、细胞数量迅速增加，到细胞停止分裂时结束，外观上表现为幼果直径的迅速膨大。第二期为果实缓慢增长期。此期生理落果高峰已过，果实细胞不再分裂，细胞体积增长缓慢。但胚或种子在此期内迅速发育，种皮或内果皮逐渐硬化成硬核。第三期为熟前增长期。此期果肉细胞迅速增大，内含物质不断转化积累，果实体积迅速增大，重量增加，外貌逐渐着色，风味增进，直到种子完全变褐成熟。

7. 落叶休眠期

落叶经济树种秋季在光周期和低温的诱导下，体内产生大量脱落酸，导致叶片中有机物质降解回流，最终叶柄基部产生离层而脱落，树木进入休眠期。

常绿经济树种虽然不落叶，但在年生长发育周期中，往往在夏季高温干旱或冬季低温季节进入休眠期，以避免受不良的环境条件影响。

经济树木的休眠是对不良环境条件的适应。为了提高经济树木抗性和适应性，使其安全度过极端环境，生产中应采取相应措施，如秋季防止徒长，促进木质化和秋后贮存营养，以提高越冬能力。

第二节　经济林的建造

一、造林规划

经济林造林规划以前，首先要进行实地勘察和调查，掌握当地社会经济技术情况及地形、土壤、植被和气候状况，并按一定比例绘制造林地的平面图和地形图。在此基础上，对造林地进行必要规划。

生产用地由生产小区组成。生产小区是经济林经营管理的基本单位。小区的面积，山地以 20～50 亩（1 亩≈667m²，下同）为宜，平原以 50～100 亩为宜。同一小区内要尽量做到地形、地势、土壤、气候等方面的一致，以便于造林整地、安排造林树种、开展生产管理。小区形状应以长方形为宜。山地经济林生产小区的长边应与等高线走向一致，且两边应与支干路一致，以便于运输和机械化作业。

山区发展经济林，应按照海拔高度、坡度、土层厚度及水浇条件等方面的差异，划分不同生产小区，并且按照自下而上的顺序分别规划水果生产小区、干杂果生产小区、生态防护型经济林区。

（一）水果生产小区

要求地势相对平坦，土层较厚，土壤较肥沃，有一定的水浇条件安排苹果、桃、梨、葡萄等树种。

（二）干杂果生产小区

位于水果生产小区之上的山坡中部，要求坡度不太陡且土层较厚，安排发展核桃、板栗、柿树、枣树、樱桃、杏、李、石榴等树种。

（三）生态防护型经济林区

山坡上部由于地势陡、土层薄、土壤干旱贫瘠，选择花椒、香椿、金银花等抗旱耐瘠的树种。山体顶部，土层瘠薄、干旱、岩石裸露，水土流失严重，栽植防护树种。

同一小区内树种宜少不宜多，以便于各种抚育管理措施的实施。若需要在同一小区内栽植两个或两个以上树种时，应实行分段集中栽植。

二、树种及品种的选择与搭配

（一）树种组成

一般情况下，发展经济林应以营造纯林为宜。

纯林的好处：便于造林设计施工和经营管理，便于各种技术措施的制定和实施；林产品产量高，成规模，利于开展生产、贮藏、加工和产、供、销经营体系的建立和运转。纯林的缺点：防护效能差、病虫害易于发生和蔓延。

提倡发展小面积的纯林，增加树种数量，地块与地块或生产小区与生产小区之间栽植不同经济树种，切断病虫害传播和蔓延的媒介。在个别情况下，为了特殊的目的需要，可以考虑营造混交林。如在坡度较大的山地发展经济林，可以按照一定比例，与水土保持能力较强的树种沿等高线实行带状混交；或选择灌木树种作下层混交树种，实行行间或株间混交。

主要树种：主要经济树种是指当地有传统的栽培习惯、经验和技术，有一定的发展规模，产量较高，品质较好的名优特产树种。主要树种不宜过多，一般以一二个为宜。发展规模要根据对市场的预测、结合当地的贮藏、加工和营销能力确定，既要形成一定的发展规模，以发挥规模优势；又要防止发展过头，造成产品积压，价格下降。

次要树种：确定主要经济树种以后，还要适当发展其他一些次要经济树种，以充分利用当地土地资源和劳力资源，延长市场供应期，增加经济收入。次要经济树种的数量，在较小区域内以二三个为宜，在较大区域内可增至 3~5 个。

经济树种的比例，要根据其运输、贮藏和加工特性投产年限及更新周期，产量、价格和经济效益，市场需求及市场容量等方面综合考虑确定。

（二）经济林良种的选择与搭配

经济树种确定以后，要根据品种特性、立地条件和生产目的对栽培品种进行选择和搭配。选用良种可显著增产。良种的选择标准有以下几个。

较好的丰产性能。反映经济树木丰产性能的性状有树形、萌芽及分枝特性、结果母枝连续结果的能力，开花坐果特性、单果（粒）重、单株产量或单位面积产量等。作为特用经济树种如采收树叶、树皮、汁液等，也要考虑相应的经济性状。同时还要具备投产早、产量稳定、经济寿命长的特性。

良好的经济性状。如营养成分含量、风味、产品大小的均一性、色泽、贮运特性、适宜加工特性等。应当指出，不同销售方向（外销与内销）及不同加工需要对良种的要求是不同的，生产中应根据具体需要选择良种。

较强的抗性与适应性。即在干旱、贫瘠、水涝、盐碱、低温、病虫害等方面，应具备较强的抗性和适应性。

(三) 授粉树的配置

经济树木在开花授粉特性上，存在着各种差异。有的品种自花不孕或自花授粉坐果率低，有的品种雌雄异熟或雌雄异株。选择合适的品种进行异花授粉，能明显提高坐果率和产量。

(四) 授粉品种选择方法

异花授粉效果要好。要求授粉品种与被授粉品种的花期一致，花粉量要大，雌雄配子亲和性好，从而保证授粉后大量坐果，减轻落花落果的幅度。

授粉品种自身也应具备良好的丰产性状和经济性状。尤其是具有花粉直感作用的品种，如板栗，父本的性状直接在杂交当代果实（种子）上表现出来，因而选择优良的授粉品种十分重要。

授粉品种的比例及分布要合理。雌雄异株的经济树种，如银杏、杜仲等，授粉品种占5%左右，均匀分布在林缘周围或嫁接在林内部分单株的树冠上部。作为经济性状和丰产性状较差的单一目的的授粉品种在林内不宜超过20%，一般占10%左右为宜，在林内每2~3行隔株栽植。有良好经济性状和丰产性状、且能够互相授粉的品种，可以设置较大比例，在林内隔行栽植或每2~3行带状混栽。

三、栽植密度

经济林的栽植密度指的是单位面积造林地上苗木的株数。栽植密度关系着群体结构、光能和地力及生长空间的利用、关系到经济树木的生长发育进程、对产量的高低及其变化动态、对经济林产品的品质以及对树体的经济寿命及更新期等诸方面都有深刻的影响。

(一) 密度对树体生长发育的影响

密度较小，群体内各单株受光充足、彼此不存在对水分、养分和生长空间的竞争作用。随着密度的增长，当个体对光照、肥、水及生长空间的最大需求得不到满足时，群体内竞争作用便表现出来，竞争的剧烈程度随密度的增大而增大。

经济林采用无性方法繁殖，个体之间遗传物质基础相同，竞争的结果不是发生自然分化，而是导致整个群体生长势的下降。密度大的林分，个体树干和树冠偏小，生长缓慢，萌芽率及成枝力低，新梢抽生数量少、生长量小，花芽分化数量少、质量差，坐果率低、落花落果严重，单株产量降低。密度大的林分，群体

郁闭度大，叶幕层薄，结果部位仅限于林冠表层，单位面积母枝量和单位面积产量低。

（二）密度对产量的影响

经济林单位面积产量就是林地上各个单株产量之和，密度越小，单株产量越高，则单位面积产量越高。在密度较小范围内，单株产量不受密度变化的影响。此时单位株数较少，个体的生长空间以及对光照和水肥的要求都能得到最大程度的满足，或彼此之间不存在竞争。随着密度增大，个体之间竞争逐渐剧烈，产量逐渐下降。

单位产量随密度增大而呈直线增加（没有竞争作用）；密度逐渐增大时，群体产量的递增趋势变缓（出现竞争）；密度达到一定水平时群体产量达到最大值；之后，单位产量随密度的增加而开始减小；当密度增大到一定程度后，群体产量降至最低值，甚至不能形成产量（剧烈竞争）。单位产量最高时的密度即为经济林的最佳密度。由于单位产量受树龄、林分结构及林地土壤肥水条件、抚育管理水平等可变因素的影响，即使是对同一林地，最佳密度也不是固定不变的，而是随着时间、群体结构、环境条件及抚育管理的变化而变化。

（三）密度对林产品质量的影响

以收获果实或种子为经营目的经济林，由于林分郁闭度过大，只有位于林冠表层的果实或种子才能发育成体积较大、内含物质较多、色泽较好的个体，而位于林冠中、下部的果实或种子，由于枝梢的光照条件和营养状况差，只能发育成体积小、品质差、色泽不良的个体。

四、造林季节与栽植方法

（一）不同季节的造林效果

秋季：土壤墒情较好，且土壤温度高于空气温度，造林后根系能很快愈合生根，吸收水分；同时由于空气温度较低，地上部分蒸腾失水很少。秋季苗木落叶前后选择恰当的时机造林，苗木成活的几率最大。

春季：气温迅速回升，苗木在短期内即迅速萌芽展叶，蒸腾失水速率很快。而同期内土壤墒情不断恶化，根系吸水越来越困难。春季造林抢墒造林是关键，只有具备适宜的墒情条件，才能取得满意的造林效果。

夏季：雨水充沛，可以选用非裸根苗组织抢墒造林。

（二）苗木的质量要求

苗木的形态指标易于形态测量或感官判断的指标。包括四个方面：苗高、地径和高径比。它很大程度上可以用于衡量苗木的健壮程度。健壮的苗木要求茎干粗壮、高径比较小，但在实际工作中很多人只注重苗木的高度或按照苗高大小进行分级的错误做法，应引起重视并予以纠正。根系的数量、长度及完整程度在很大程度上决定苗木的健壮程度及造林后的成活率。顶芽及侧芽的饱满及完好程度。它在很大程度上反映苗木的健壮程度。木质化程度好的苗木，芽体饱满，造林后抽梢旺。

（三）栽植方法

经济林以植苗造林为主，尤其较多地采用无性繁殖方法培育的良种苗木造林。无性苗木与实生苗相比，生理机能弱，造林成活率低，幼树生长缓慢。

要提高经济林造林效果，就要在细致整地的基础上，采用科学有效的栽植方法高质量完成造林。

（四）苗木处理

正确有效地采取措施对苗木进行必要处理，对减少苗木体内水分丧失，维持苗木活力是至关重要的。

具体措施：要保证起苗以前灌 1 次透水，以提高苗木水分含量，减轻起苗难度，提高苗木质量。起苗时要求多带根系，保证根系长度在 30～40cm 以上，减轻对苗干和根系的机械损伤。要根据需要合理修剪根系和枝梢，并按要求对苗木分级、打捆、浸蘸泥浆或吸水剂、喷洒蒸腾抑制剂，还要对苗木进行适当包装。萌芽、萌蘖性强的树种，如杜仲、香椿、白蜡等可以采取截干造林。

苗木调运至造林地以后，要立即浸水并组织栽植，短期内不能栽植的，应有效地假植或遮盖。

（五）栽植法

打点，挖穴。大根幅树种，要适当加大植树穴的直径；深根性树种，要适当加大植树穴深度。深度为根系垂直分布密集层深度的 1.5～2.0 倍。挖穴时应表土和底土分开。

将底土掺合土杂肥或杂草回填入植树穴，回填后要踩实。回填深度按穴深的一半或上部 50cm 深为宜。

将苗木植入树穴中，尽量使根系畅展，不窝根，使植树行纵向和横向的整齐。

覆土。将表土掺入土杂肥回填入植树穴内，上提苗木，使植苗深度达到规定要求，同时又使根系畅展、根系与土壤密接。覆土后要踩实。

浇一次透水，待表层水下渗后及时封穴，修整树盘。春季造林，封穴后整平树盘，上覆一层地膜；不能覆膜的，要在造林后每隔 10～15d 浇水 1 次，连续 2、

3 次。秋季造林，封穴后还要进一步培土，培土起堆高度以苗干的 1/2 ~ 2/3 宜。

适当回剪苗干，高度等于或略高于定干高度，回剪后要对苗干涂白或涂抹蒸腾抑制剂，有条件时可在苗干上套袋，以防止苗木失水，提高造林成活率。大苗造林栽植后要搭三角支架，防止被风吹倒。

（六）栽植深度

苗木的栽植深度因树种特性而异：一般情况下，栽植深度等于或略大于苗木在苗圃内的埋土深度为宜，其中，主干上易产生不定根的树种可适当深些，不易产生不定根的树种则不宜深栽。生产中常根据具体情况确定栽植深度：小苗浅栽，大苗适当深栽；春季造林浅栽，秋冬造林适当深栽；土壤水分条件好时浅栽，干旱时应适当深栽。

（七）栽后管理

植苗以后首先是采取一切必要措施促进苗木成活。浇水保墒和减少苗干蒸腾失水是最有效的办法。要求对苗木定干，尽早培养主枝。造林当年秋季（造林后一个生长季节）对苗木成活率和成活情况进行调查，及时用同龄苗木进行补植。加强对幼树的肥水管理和松土除草，促进当年新梢生长。

五、发展经济林的意义

发展经济林是开发建设农村、实现农民脱贫致富的重要途径；可改善和提高人民群众的生活水平；促进工农业生产的发展；绿化美化环境，改善生态质量；增加出口创汇；种类繁多，资源丰富；栽培历史悠久，经验丰富，技术先进；充分利用土地资源，栽培形式多种多样；人工栽培和开发利用野生资源相结合。

第三节　经济林的抚育管理

经济林的抚育管理包括土壤管理（土、肥、水管理）、树体管理（整形、修剪）和病虫害防治三大环节。

经济林苗木定植以后，要及时加强土、肥、水管理，为幼树的成活和生长提供良好的水、肥、气、热和光照等环境条件，促进幼树的生长，增加枝量，提早形成树冠。及时进行整形修剪工作，培养良好的树体骨架结构和结果枝组，调整营养生长和开花结实的矛盾，促进营养生长向生殖生长的转化。在加强林地管理和树体管理的同时，也要注意病虫害的防治，为经济林的早实、丰产、优质栽培提供保证。

一、土壤管理

（一）林地间作

经济林间作是指经济树种与农作物（或经济作物、苗木）在某一时期按一定配置要求形成的立体复合群体结构。可以较好地完成对幼林的松土除草、施肥、浇水、病虫害防治及简单的整形修剪等常规抚育管理工作，提高幼林的抚育管理水平，促进幼树健壮生长，实现早实丰产；能充分利用光能、林地及生长空间，增加经济收入，弥补经济林投产晚、见效迟的不足，实现以短养长、长短结合。林地间作能有效地防止风沙危害，减轻地表水土流失，特别对风沙严重的地区和坡度较大、地表植被稀少的山地，造林后实行间作能有效地起到保持土水作用；改善土壤微生态环境，尤其对土壤微生物群落、土壤动物、土壤化学物质累积等方面的抑制和平衡作用。注重对林地的土壤培肥，加强对幼林的抚育管理，不要把林地间作片面当成增加林地产出的一种手段。

（二）土壤翻晒

秋季深翻：在采收前后结合施基肥进行。此时地上部分生长缓慢或停止生长，养分开始回流积累，正值根系秋季生长高峰，伤口容易愈合，并可长出新根。深翻施肥后结合灌水可使土粒与根系密接，有利于根系生长、土壤风化和积雪保墒。秋季深翻后如不及时灌水，根系易受旱受冻，地上枝芽易干枯。

春季深翻：应在土壤解冻后及早进行。此时地上尚处于休眠状态，而根系刚开始活动，伤根后容易愈合和再生。从土壤水分季节变化规律看，春季土壤化冻后，土壤水分向上移动，土质较疏松，操作较省工。但北方春旱，翻后需及时灌水。春季深翻后如不及时灌水，土壤旱情会加重，根系和地上部分的生长发育同样会受到不利影响。

深翻的方法有以下几种。

深翻扩穴：幼树定植几年后，结合深施基肥，每年或隔年逐渐向外深翻土壤，直到株间土壤全部深翻为止。方法是在原定植穴外开沟，沟宽80～100cm，深80cm，翻土时，拣出石块，表土和生土分别放置，达深度后，尽量向里掏，和原栽植穴打通，不留隔墙，填土时，最好全用表土，并混入土杂肥。采用此法用工较少，但由于每次翻动的土壤范围较小，一般需三四次才能完成，而且每次都要损伤树根，不利生长。

隔行或隔株深翻：即先在一个行向深翻（连同株间一起），第二年或几年后再翻未翻过的一行。

对边开沟边深翻：自定植穴边缘开始，第一年在树冠南面和北面开沟深翻，

第二年在东面和西面进行，第三年开沟方向又同第一年，但要逐年向外扩展开沟位置，且不留隔墙，至全园翻完为止。

全面深翻：将定植穴以外的土壤一次全面翻完。这种方法因为一次完成，因而只伤一次根，而且翻动土壤范围大，翻后便于整平地面。如劳力充足，幼树定植后抓紧时间采用此法最适宜。

（三）中耕除草

根据杂草生长情况适时进行中耕除草，除草的原则是：除早、除小、除了。可以根据需要选择性的使用化学除草。

（四）土壤覆盖

1. 地膜覆盖

覆盖地膜的作用：抑蒸保墒——切断水分蒸发途径，减少土壤水分散失，保护地栽培覆盖地膜还有降低温室内湿度的作用；提高地温；改善土壤结构，提高土壤肥力；减少土壤管理环节和成本。

覆盖地膜的方法：覆膜只覆盖树盘。首先施用适量土杂肥或化肥，浇一次水，覆盖前先整出树盘，喷洒除草剂。覆盖地膜后，四周用土压实封严。覆膜后一般不再浇水，也不再耕锄。1 年之后，当原有地膜老化破裂后，可重新换膜覆盖。膜下长出的杂草不必锄掉，因又黄又嫩不结籽，2 年以后可不再长草。

2. 树盘覆草

树盘覆草的作用：减少土壤水分蒸发散失，保水防旱；冬季减少热散失，可增加土温；夏季遮荫可以降低土温；减少灌水改善土壤透气性；微生物活动增强，土壤有效养分增加；草下无光，杂草不再生长；覆草腐烂后表土有机质增加，土壤结构改善。盐碱林地覆草后可以防止返盐。

树盘覆草的方法：首先整出树盘，将细碎杂草（草秸、麦糠、玉米秸、山野杂草、落叶或锯屑等）覆盖在树盘内，初盖时最少要 25cm 厚，长草应铡成 5cm 左右，然后轻轻压实。为防风吹草飞，可在草上斑斑点点压上几堆土或石块，但不可全部压土，以免影响土壤的透气性。

注意问题：覆草腐烂分解靠微生物的活动，微生物繁殖初期要利用氮素，草中碳多氮少，引起土壤中暂时脱氮。覆草前最好先施些氮素化肥并浇水。覆草不当会加剧病虫害的发生。树盘覆草后追肥：雨前将化肥撒在草上，趁雨化开冲下。每隔 1~2 年，原来覆草腐烂后可再覆加一层草。

二、施肥

（一）基肥

基肥最好在果实采收后、落叶前一个月施用。秋施基肥能有充分的时间使肥料腐熟和供经济树木休眠前吸收利用，能提高树体的营养贮备，有利于花芽分化。休眠前树体的营养贮存和早春土壤中养分的及时供应，可以满足春季发芽、开花、新梢生长的需要。落叶后和春季施基肥，肥效发挥慢，对春季开花坐果和新梢生长作用小。

（二）追肥

即在施基肥的基础上，根据经济树木各物候期的需肥特点及时补充肥料，以保证当年丰产的需要和为明年丰产奠定基础。大致可分以下 3 个时期：萌芽期、幼果发育期、果实发育后期。

萌芽期追肥。在萌芽期追肥满足梢叶生长、开花坐果需要之后，进入幼果生长发育期，此期梢叶生长已基本停止；追肥后可提高叶片功能，满足幼果发育对有机营养和矿质营养的需求，有助于花芽分化（柿、核桃等）。此期追肥以氮为主，氮、磷结合为宜。

幼果发育期追肥：经济树木春季发芽后先进行结果新梢的生长，而后开花。在新梢生长过程中，花的各部分才进一步发育完善。这一时期是一年中新梢生长最重要的时期，也是养分需要最多的时期，除了上年秋季施基肥，增加树体贮藏，保证春季新梢生长和花芽分化以及开花需要外，春季追肥也有重要作用，这次追肥以氮肥为主。

果实发育后期追肥。即在果实经济价值形成期追肥。可以提高单果重和质量，有利于树体营养积累，也有利于花芽分化，一般以氮肥为主，结合施用磷、钾肥。经济树木的追肥，在目前管理较粗放和肥源缺乏的情况下，应着重在萌芽期和幼果期追靶。在肥料十分紧缺的情况下，以萌芽期追肥更为重要。

（三）施肥方法

主要有：土壤施肥、根外追肥（叶面喷肥）、穴贮肥水。

土壤施肥的施肥部位和深度应根据树种、树龄、肥料种类、施肥时期和土壤性质确定。常用的土壤施肥方法有以下几种：环状沟施、放射状沟施、条状沟施、集中穴施、全面撒施。

三、灌水

缺水会使光合作用减弱，枝叶、根的生长减弱或停止，甚至会发生落叶、落

果和植株死亡。休眠期水分不足，易引起冻害或抽干。

水分过多树体停止生长晚，组织不充实，降低抗寒力；引起落花落果和降低果实品质；严重时造成落叶或植株死亡。

水与土、肥有不可分割的关系。"有肥无水"不能充分发挥肥效，甚至会造成"肥害"。

（一）灌水时期的确定

正确的灌水时期，不是等到树体已从形态上显露缺水状态（如叶片卷曲、果实皱缩等）时才进行灌溉，而是要在树体未受到缺水影响以前进行。萌芽后新梢迅速生长期，是需水最多的时期。水分不足对新梢、叶片、花芽分化和开花有明显的影响。但此期正是北方少雨的旱季，因而灌水十分必要，常是丰产的关键。花期干旱常引起落花，影响授粉受精、降低坐果率，幼果生长期缺水，会导致落果，果实细胞分裂和增大受到抑制。果实成熟前，灌水太多，会降低品质，但秋旱年份适量灌水，也会避免秋旱对果实发育的不利影响，从而提高产量。果实采收后虽然需水更少，但干旱可使叶片早衰，光合功能降低，影响营养物质的合成和积累，使贮藏营养水平下降，进而影响第二年的生长和开花结果，所以采收后干旱时适量灌水仍是必要的。

根据不同树种、不同物候期的需水特点，年周期内应着重抓住以下几个灌水时期。

萌芽期：萌芽前后结合追肥灌水，满足萌芽，梢叶生长，花芽分化等对水分的需要。

花期：开花前天气干旱时，适当灌水，有利于开花和授粉受精，提高坐果率。

幼果迅速生长期：结合追肥灌水，可以促进果实细胞分裂和膨大，提高叶功能，有利于花芽分化。

果实发育后期：秋季结合追肥适当灌水，可使核桃壳皮薄、核仁充实；使板栗种仁大，单粒重增加；柿、山楂、枣等果实大；油桐等出油好，质量高；枣树某些品种如金丝小枣、无核小枣等果实成熟期不要灌水，以免引起败果。

采收后：灌水有利于促进叶片光合作用，提高树体秋季营养水平。

越冬期：11月份灌水，使土壤中有足够的水分，保证安全越冬。

（二）灌水量

1. 经济树木灌溉指标

树木适应的土壤水分——当土壤含水量达到田间最大持水量的60%～80%

时，土壤中的水分和空气状况，最符合经济树木生长结果的需要。低于持水量的60%时，应注意是否需要灌水。

土壤水的类型——土壤含水包括吸湿水、非毛管水与毛管水，可供植物吸收利用的，都是可移动的毛管水。

"萎蔫系数"——当土壤含水量降低，植物生长困难，导致不能恢复的枯萎，此时的土壤含水量称为"萎蔫系数"。萎蔫系数大体上相当于各种土壤水分当量的5.4%。

2. 土壤含水量的测定和判断

仪器测定——土壤容积含水量（铝盒烘干法、中子仪法、快电子仪法）、土壤水势（张力计、压力膜仪、露点微伏压计）

经验判断——手测、目测，判断其大体含水量。壤土和砂壤土，用手紧握形成土团，再挤压时土团不易碎裂，此时土壤湿度大约在最大持水量的50%以上，一般可不必进行灌溉；手松开后不能形成土团，则证明土壤含水量太低，需进行灌溉。黏壤土手握成土团，但轻轻挤压容易产生裂缝，证明土壤水分含量少，需要灌溉。

树木形态和生理特征：果实生长率、气孔开张度、枝条生长、叶片的色泽和萎蔫度等生物学指标的测定。

灌水量的确定：根据树种抗旱性、需水性、树冠大小、各生长发育阶段需水程度、土质、土壤湿度和灌水方法而定。基本原则是使树木根系分布范围内土壤湿度达到田间最大持水量的60%~80%，一般应浸透根系分布层（约1m左右）。灌水过多，土壤通气不良；灌水过少，不能满足水分的需要，而且容易引起根系上返，削弱抗旱能力；多次补充灌溉，则容易引起土壤板结，影响透气性。还要依灌水时期而定，如夏季土壤温度高，为了使根系正常生长，干旱时需灌水可多次少灌；而越冬水灌水量宜大，土壤浸湿到1.5m左右，以保证树木安全越冬。

（三）灌溉方法

灌溉方法主要有盘灌、分区灌、沟灌、穴灌、喷灌、滴灌。

四、树体管理

（一）树体管理的方法和意义

1. 树体管理的方法

树体管理主要方法是整形和修剪。整形是指经济树木生长前期，通过定干整枝和修剪，培养合理的树体结构，为稳产丰产打下基础。修剪是指在整形的基础上，通过对各类枝梢的修剪培养，调节营养生长和开花结果的关系，达到连年丰

产稳产。

2. 树体管理的意义

能够促进大树丰产稳产，提高品质，能够促进老树的更新复壮，延长经济寿命。应当指出，整形修剪的增产作用是建立在良好的肥水管理基础之上的。科学的整形修剪依赖于对树种、品种的生物学、生态学特性以及环境条件和栽培管理技术水平的全面认识和了解，做到因树、因地、因时制宜，以达到预期的效果。

（二）整形修剪的时间

整形修剪的时间，一般分为冬季修剪（休眠期修剪）和夏季修剪（生长期修剪）。

冬季修剪是从落叶到来年萌发前所进行的修剪，即从 12 月份到来年 2 月份进行。但不同的树种、树龄、树势应区别对待，成树、弱树不宜过早或过晚，一般在严寒过后至来年树液流动前进行，以免消耗养分和消弱树势；幼树、旺树可提早或延迟修剪，即落叶前后或萌发前后进行，人为地造成养分消耗，缓和生长势；发芽早伤流重的要早剪，如柿子、葡萄、核桃、桃、杏等；髓部容易失水的应晚剪，如无花果等。

夏季修剪，又称生长期修剪，包括春、夏、秋三季，但以夏季调节作用最大，且和冬季修剪相对应，因此，称夏季修剪。它具有损伤小、效果好、主动性强、缓势作用明显等特点。因此，对提早幼树结果及缓和生长势尤为重要。

总体来说，冬季修剪由于减少了春季养分回流后的分散部位，使养分集中，促进剩余部位的生长，因此，有增势作用；而夏季修剪减少了光和器官叶片，降低了树体营养水平，缓和生长势，有利于促进幼树、旺树的成花。所以，有"冬剪长树，夏剪成花"之说。

（三）修剪的基本方法及反应

修剪是用来调节生长势的。因此，应首先明确影响生长势的 3 个因子：枝、芽的着生方位，先端优势和芽的异质性。同时还要注意的是需要增强生长势，扩大树冠，填补空间，还是缓和生长势结果及用作预备枝等。只有明确了这些，才能采用相应措施，达到修剪的目的。

1. 冬季修剪的方法及反应

（1）短截。指剪去一年生枝条的一部分的方法，它能促进侧芽的萌发，增加分枝数目，保持健壮树势。其具体反应随短截程度不同而异。

（2）缓放。又称长放、甩放，指对一年生枝条不作任何处理，任其自然生长的方法。对平生、斜生的中庸枝缓放，易发生中、短枝，有利于花芽形成；而对直立生长的徒长枝缓放后，易形成光腿枝。因此，缓放多用于中庸枝。

（3）回缩。又叫缩剪，是对多年生枝短截的方法。能起到复壮后部、调节光照的作用。如用于下垂枝组、冗长枝组的复壮，交叉枝组、并生枝组的空间调节以及枝头的改换等。

（4）疏枝。将枝条从基部剪去，不能留橛的修剪方法。如疏去过密枝、并生枝、交叉枝、内生枝、病虫枝、徒长枝等。能起到调节生长势，改善光照，增加养分积累的作用。

另外，还有缓和生长势，促进成花的拉枝、拧枝、圈枝以及跑单条、抓小辫等修剪方法。它们都能起到缓和生长势、改善通风透光条件的作用。

2. 夏季修剪的方法及反应

（1）刻伤。在芽萌发之前，于芽的上方或下方横割皮层深达木质部，用以促进或控制发枝的一种方法。它能加速整形，培养枝组，促进成花。

（2）开张枝角。指通过拉、撑、坠、压等方法加大枝条角度，缓和生长势，改善透光条件，促进花芽形成，提高坐果率，增进果实品质的一种方法。这种方法多于生长期进行，可以减少背上旺枝的形成。

（3）摘心。在生长期内摘除枝条顶端幼嫩部分的方法。适度摘心可促进分枝，加速整形，缓和树势，促进成花。对果台副梢摘心，能提高坐果率。寒冷地区，轻摘、晚摘能使枝条充实，增强抗寒性。

（4）扭梢。用手捏住生长旺盛的新梢基部，将其扭转180°使其倒转的一种方法。它能阻碍养分输出，缓和生长势，促进花芽分化。调查表明，扭梢的成花率可达30%～66%。

（5）环剥。将枝或干的韧皮部剥去一圈的方法。环割、倒贴皮都属于这一类。它能截断筛管，促进上部积累养分，因此能促进成花，提高坐果率和果实品质。对下部能促进发枝。要正确使用这种方法还需要掌握以下几点。

①使用的对象应是旺枝、旺树；促进成花时，上部应有较多短枝。

②操作的位置要适当。控制全树的，应在主干的中上部进行；控制大枝的，在靠近基部进行；控制临时性枝的，要看后部有无空间，若有则在需发枝的上部进行，若无则在枝的基部进行。

③环剥的宽度以该部位直径的1/10为标准。

④环剥时间因目的而不同。提高坐果率在花期进行；促进花芽分化的，在花芽分化临界期进行。

⑤环剥后伤口不得涂药，以免破坏形成层，致使愈合困难造成死树，可用塑

料布包扎。剥后若叶片发黄属正常现象，可喷2、3次尿素调节，花量过大应注意疏花疏果。

另外，夏季常用的还有疏枝、拿枝、折伤等修剪方法。

五、病虫害防治

（一）病虫害对树木及林产品的影响

经济林病虫害对经济林木及其产品质量有明显的影响。首先，果实本身常有病害，如苹果轮纹病、炭疽病、梨黑星病等，引起苹果和梨的腐烂。枣缩病使枣无法食用；还有各种为害果实的害虫，如桃小食心虫和梨小食心虫，为害苹果、梨、桃、杏、李和枣等果实。其次，大量果树病虫为害树叶，使树叶产生病斑，甚至脱落，如蚜虫、红蜘蛛、卷叶虫及各类毛虫和食叶害虫。果品中的糖分及有机养分的含量，直接来自叶片的光合作用。如果叶片受损害，就不能产生品质良好的果实。另外，还有为害茎干和根系的腐烂病、干腐病、根瘤病、线虫病及天牛和吉丁虫等，使树木的输导组织受害，影响养分的运输。还有各种病毒病，也对树木及其产品有严重的不利影响。总之，病虫害不仅影响树木的正常生长，还严重影响其产品产量和质量。只有健康的树，才能结出优质的果品。因此，防治病虫害是生产优质林果产品的重要保证。

病虫害防治还要考虑无公害的问题。要生产绿色产品，使采收的果实对人体无毒害。

（二）病虫害防治方法

病虫害的防治可概括为人工防治、检疫防治、农业栽培措施防治、生物防治、物理防治和化学防治等，应本着"预防为主、综合防治"的方针，采取安全有效的病虫害防治措施。

1. 人工防治

人工防治虽然是古老的方法，但至今仍然是经常采用的有效方法。人工防治包括以下几种方法。

（1）人工捕捉。如金龟子在花期啃食花朵和嫩叶，但果树开花期不宜打农药，则可以利用金龟子具有假死的特点，在清晨摇动树冠，使金龟子落地假死，然后捕捉。如果数量多，可在树下铺设塑料薄膜，收集落地金龟子，然后将其消灭或者作为家禽的优良饲料。

（2）刮树皮。刮树皮可以消灭在老皮中越冬的害虫。

（3）刨树盘。清扫树园刨树盘，清扫和深埋果园中的枯枝烂叶，可消灭和减少越冬的病菌和害虫。

（4）诱杀和阻止害虫上树。可于树干上绑缚草绳或草束，诱集上树害虫，予以杀灭；或绑塑料裙，阻止害虫上树为害。

（5）消灭越冬害虫。有些害虫可以利用其越冬的习性在冬季消灭，例如，黄刺蛾，在树杈上结一个有花纹的硬茧越冬，很容易被发现，可用小锤子将茧敲碎，消灭过冬的蛹。又如天幕毛虫的卵在枝条上排列非常整齐，形成一个"顶针"形状圆圈，可在剪枝时剪下，予以集中消灭等。

2. 检疫防治

国家和地区目前都有植物检疫站，防止病虫害对生产造成重大威胁和外来病虫检疫对象的侵入。有些病虫以特有的方式寄生在植物材料上，并随之传播。建立检查检疫制度，遵守检疫法，可截断其传播途径，防止蔓延发展或侵入。各地在引进新品种苗木时，要加强检疫工作，杜绝有根瘤病或带有介壳虫和枝干病害的苗木进入非疫区。要做到以防为主，防止外国、外地区病虫害随引种苗木、种子进入本地。

3. 农业防治

树木是多年生植物，通过合理的肥水管理，平衡营养，使树体健壮，就不容易得病。特别是腐烂病、干腐等枝干病害，在树体衰弱或修剪伤口太多时，容易发生。营养不平衡，氮肥过多，也容易引起各种病虫害。通过合理修剪来保持良好的树体，形成通风透光的条件，可减少病虫的危害。另外，杂草是病虫害寄生的场所，树园中杂草丛生，往往导致病虫害的发生。所以，要清除杂草或进行树园覆盖，即用10cm以上厚的秸秆或杂草等有机物，覆盖在树冠下的土壤表面，来抑制杂草生长。也可以种植绿肥来抑制杂草的生长。

建立经济林园，最好不要发展混杂树园，因为很多害虫能交叉为害。例如纯枣和纯杏产区，一般没有桃小食心虫为害。如果是混栽区，桃小食心虫第一代先为害杏、桃和苹果等，第二代或第三代再为害苹果和枣树。所以，混杂栽植果树园无论是早熟的杏还是晚熟的枣，食心虫都非常严重。另外，有些果园和林木不能混种，如苹果锈病病原菌的中间寄主是圆柏，如果苹果和圆柏混种，则锈病无法控制。对于这种现象，在建园管理过程中，都要注意加以防治。

4. 生物防治

目前，防治病虫害的生物防治手段，主要有以下几个方面。

（1）利用天敌。天敌有捕食性和寄生性两类。例如，瓢虫能吃蚜虫，而且对介壳虫类、红蜘蛛也是重要的天敌。黑缘红瓢虫是介壳虫类的天敌，每头瓢虫一生可捕食约2 000头介壳虫，其幼虫和成虫可捕食介壳虫的卵，若虫和成虫，即便介壳虫外壳坚硬时，瓢虫也可咬一个小洞，将头伸入壳内食其肉质部分。所以，充分利用天敌，是生物防治的重要手段。目前，已有人工养殖后放养的天敌。例如赤眼蜂，可以寄生和消灭鳞翅目一类害虫；各类瓢虫和草蛉虫，主要控制蚜虫和红蜘蛛等害虫。这方面的工作尚需进一步研究和加强。

（2）利用性引诱剂。利用雌性成虫的性信息及类似的化合物，通过田间定点摆放，由于有雌性蛾子的特殊气味，可用以引诱雄蛾飞来，将其消灭，使雌蛾不能受精繁殖，从而达到控制的目的。

目前，生产上已生产出几种性引诱剂，例如，桃小食心虫性诱剂有 A、B 两种，有药的部分称为诱芯，通常以橡胶塞或塑料管作载体，含性诱剂药 500μg。使用方法是，先在一个普通的水碗里，放入 800～1 000 倍洗衣粉溶液，再在离水面 0.5cm 处安放好诱芯，使被诱雄蛾飞到诱芯处，即掉入水中溺水而死。这种装置称为诱捕器。性引诱剂的作用有两个方面：一是用于害虫的预测预报，测报成虫发生始期；二是通过性引诱剂使雌虫失去交配对象而不能繁殖后代。在田间使用时，如果作为虫情预测用，则每亩悬挂 3、4 个诱捕器即可。如果为了防治害虫，则在每棵树的不同方位挂 1～3 个性诱捕器。

（3）利用微生物源杀虫剂。苏云金杆菌或白僵菌等侵入到昆虫体内后，能使害虫得病而死。可把这些有益的细菌提取出来，在家蚕身上繁殖，形成大量菌体，制成制剂。这类杀虫剂对人体安全，是当前无公害杀虫剂方面利用生物技术防治的一大进展。目前比较成功的有以下几种：Bt 乳剂（苏云金杆菌）、白僵菌制剂、阿维菌素、农用链霉素。

（4）利用植物源杀虫剂。植物源杀虫剂类似于中草药，也能杀死害虫。例如，用烟草浸泡液能杀虫，现在已经提取出这类草药的有效成分。此类杀虫剂以胃毒和触杀为主，多不具备内吸传导性。还有的有忌避、拒食作用，喷用后虽然害虫不被毒杀死，但跑到别处为害其他植物。利用植物杀虫有效成分的提取物，是目前绿色食品 AA 级标准用药，对人、畜、作物及部分天敌类较安全。生产中常用的植物源杀虫剂有以下几种：苦参碱（苦参素）、烟碱（硫酸烟碱）、黎芦碱（虫敌、西伐丁）、苦楝油乳剂、松脂合剂。

5. 物理防治

目前，在生产上应用最广的物理防治方法，是用频振式杀虫灯来诱杀趋光、趋波性害虫。近距离时以光诱为主，远距离时以定频波为主来诱杀趋光和趋波害虫。由于扩大了诱杀范围，因而使用效果良好。对于大的连片果园，应当联合行动，使每 10 亩左右有一个频振式杀虫灯，应用效果最佳。这时联合非常重要。

如果别处不用而只有一个小果园用，则四周果园的害虫晚上都向这个杀虫灯处飞，虽然能杀死大量害虫，但这个小果园虫害可能会更严重，因为飞过来的害虫不可能全部被杀死。所以，要提倡联合采用杀虫灯。另外，利用某些昆虫的趋色性来诱杀昆虫也是比较常用的方法。如白粉虱近年来在温室内特别严重。由于白粉虱有趋黄性，可用黄色的木板（纸板、纸条）上面涂上黏性强的机油或废机油，挂放在温室内的不同地方。白粉虱就会飞向黄色板，粘在机油上而死亡。

物理方法在防治树木病毒上也很重要。由于很多病毒类微生物在高温下不能生存，因此，可以将苗木进行高温脱毒。此工作一般由研究单位来进行。将优良品种的苗木放在培养箱中 40℃ 左右的温度下，培养约一个月，便能脱除病毒。脱毒苗可作为无病毒优种苗进行快繁或嫁接繁殖来发展。

6. 化学防治

化学防治是目前最有效的控制病虫害的手段。在病虫害严重发生时，用其他方法难以控制，急需要在大范围内快速予以扑灭。在这种情况下，可用化学药剂防治。但在化学防治时，要执行保护天敌类生物、减少环境污染的原则。还要遵守农药使用的规则，执行国家关于农药在果品中有害物质的残留限量标准，以及出口的有关标准，以保证所产果品的优质与安全。

以上六种防治病虫害的方法，并不是孤立应用的。在很多情况下，需要结合应用。例如对舟形毛虫防治的最好方法是在初秋卵块开始孵化时，寻找树杈处集中成团的黑色毛虫群，寻找到后，用药剂对准幼虫团喷洒，很容易将其消灭，用药量极少。但如果耽误了有利时机，幼虫长大分散取食后，抗药性强，就很难消灭了。因此，时机不可错过。这种方法还能保护天敌。又如在树上悬挂一瓶子，瓶中装入加有农药的糖醋液诱杀，对喜欢糖醋气味的害虫防治效果也不错。防治天牛也是人工与农药相结合的方法。人工找到虫孔后，用注射器注入一些能熏蒸杀虫的农药，再用泥土堵住虫孔，将天牛闷毒在蛀孔中。另外，防治病虫害喷药时，可以和叶面喷肥相结合进行，以达到既除病虫害又使树体补充营养的效果。

（三）提高防治病虫害效率的方法

宁夏回族自治区固原的经济林病虫害一直比较严重，这一点与外地差距是比较明显的，这也是影响林果产品质量的直接因素。果农虽然也知道防治病虫害的重要性，但是由于种种原因，而无法解决病虫害。关键是要提高防治病虫害的效率。要提高病虫害防治的效率，应当从以下几个方面入手。

1. 控制病虫害要因地制宜

因地制宜就是要在适合发展某种经济树种的地方发展该树种。这首先必须考虑对病虫害防治得是否适宜。例如葡萄的虫害较少，但是病害较多。特别是葡萄霜霉病，在葡萄果实膨大期和提高品质的时期，为害树叶和果实，使葡萄叶形成大量病斑而脱落。病菌的侵入和发展主要与雨水多、空气湿度大有关。因此，在葡萄成熟后期雨水特别多的地区，霜霉病则特别严重，甚至达到无法控制的地步。这一条应该作为是否适宜发展葡萄的根据。

在枣产区，一直受枣疯病的困扰。枣疯病目前还没有确效的方法来防治，只能靠把病树砍掉来控制其传染。但枣的根部如果在盐碱地生长，则枣疯病病毒不能正常生长和繁殖，因此，盐碱地没有枣疯病。因此，各地要因地制宜，发挥当地优势。其中不可忽视的一条是病虫害要少，或者能躲避病虫的为害期。能做到这一条就能达到事半功倍的效果。

2. 发展抗病虫害的品种

各种经济林树木对病虫害抵抗能力千差万别。果树一般病虫害比较多。然而猕猴桃病虫害就很少。柿树除有柿粉介壳虫外，其他病虫害也很少。但是柑橘、葡萄、苹果、梨和桃等主要果树，都有很多病虫害。品种不同，其抗病虫害能力也有很大区别。例如，梨黑星病是非常严重的病害，使叶子形成黑斑脱落，果实黑色腐烂，这种病在鸭梨、慈梨树上特别严重，而雪花梨则能抗黑星病。在同样条件下，雪花梨管理方便，容易高产优质。又如葡萄，从日本引进的巨峰对黑痘病和霜霉病有很强的抗性，而从美国引进的红地球则抗性差。在同一块地上种植巨峰葡萄叶片还没有病斑，而红地球却已经大量落叶。所以，在引种时，应该把抗病性也作为一个重要条件。除了常发生的病虫害外，还要注意病毒病。病毒病在苗木引进时往往看不出来，几年后才表现出来，有病毒病的果树，果实的品质明显变差，因此，必须引进无病毒苗木。

育种单位必须培育抗病虫性强的品种。这方面在农作物上有抗虫棉花，抗锈病的小麦等，但是果树育种中还很少培育出抗病的优质品种，这是今后要进一步研究解决的重要课题。在无病毒苗木研究方面已经取得一些进展，苹果和柑橘已经有国家级的无病毒母本树，以及专门培养无病毒苗木的苗圃。对这个优良的条件，在发展果业时要充分加以利用。

3. 根据害虫的生活史及其习性进行防治

对于害虫的防治，不能一有虫就打药。这样做，往往打药次数很多，钱花得不少，又特别费工，但效果并不好，还杀死天敌，又污染环境。为了提高治虫的效果，必须将害虫生活史及其生活习性了解清楚，抓住其薄弱环节做到对症下药，彻底防治。以蚜虫为例，蚜虫是繁殖速度极快的一种昆虫，它可以进行孤雌生殖，几天内即能形成一大片蚜虫群。在食物不足时，它能产生有翅蚜，飞到食物充足的地方去生存和繁衍。蚜虫的种类也很多，多数是杂食性，除为害果树外，还为害蔬菜、花卉和草坪植物等其他农作物，以及杂草等。防治蚜虫，喷药要均匀彻底，使每个叶片都能喷到药液。蚜虫大都集中在叶片背面。有的叶片产生卷曲，蚜虫则生存在卷叶的内侧。如果打药不彻底，有些地方没有打到药，几天后少量蚜虫则又繁殖成大量蚜虫。所以，打药必须使树上的蚜虫彻底消灭。由于有翅蚜还会飞过来，所以在选择农药时，不要选用药效期短的农药。喷药灭蚜虫，除了要选用药效期长的农药外，所选用的农药最好还要有忌避作用，使蚜虫对打过农药的果树产生躲避反应，不往树上飞。如氰戊菊酯（速灭杀丁）、石硫合剂等，除了能杀灭蚜虫外，还有一定的忌避作用，对防治蚜虫很有用。另外，为了保护天敌，可选用一些内吸性强的杀虫剂防治蚜虫。如乐果对于天敌杀伤力低，喷到果树上后能吸到植物体内，使叶片带毒而杀死蚜虫和红蜘蛛，防治效果很好。还要注意瓢虫的生活习性，充分利用它来防治蚜虫。例如在麦收时，小麦上的瓢虫往往数量很多，可以将其大量迁移至附近的果园中。这些瓢虫在食完麦蚜后可取食果树上的蚜虫。这样，即使在果树上蚜虫很多时，也可以不喷药防治蚜虫，瓢虫可以很快把蚜虫吃光。

4. 对病害要及早防治，防重于治

经济林树木，尤其是果树，病害非常多，病原菌主要是真菌，也有少数是细菌。真菌主要靠孢子进行繁殖，孢子萌发需要空气潮湿。天气干燥，不利于孢子萌发和侵入。所以，在阴雨天气，病害传染很快。对于果树有什么病害，每年什么时候发病，果农一般是清楚的，各地也都必须有一个详细的记载。对于病害的防治不能在发病以后进行防治，而是要在发病之前进行防治。例如，枣树锈病到8月中旬叶片上则布满褐色孢子堆，这时打药就没有用了。到8月下旬则大量落叶。如果在7月上旬叶子上还没有病症时，就喷施石灰等量式的波尔多液或可杀得，过20d后趁天晴再喷一次，只要喷两次预防的药，枣锈病就可以控制。因为枣锈病的最快发病，是夏孢子的反复大量繁殖，而夏孢子不能过冬。在越冬之前，病叶上产生冬孢子，冬孢子在7月份叶片上萌发时碰到铜离子即被杀死。大量冬孢子在雨季都已萌发。没有机会侵入枣树而死亡，以后就形成不了夏孢子，枣锈病不可能流行。又如桃穿孔病。有细菌性穿孔病和真菌性霉斑穿孔病，这是当前桃树非常严重的病害。穿孔病病菌都有很长的潜伏期。细菌性穿孔病的潜伏期可达40d。当遇到降雨频繁，气温高的阴雨天，病害严重，为害猖獗。只要病原菌进入植物体，在潜伏期喷药已经不能控制穿孔病，所以必须在病菌进入植物

之前进行预防。桃穿孔病的病菌，一般在桃树枝条溃疡斑上越冬，翌年桃树开花后，病菌从病组织中溢出，借风、雨水、露滴及昆虫进行传播，经叶片气孔和枝条芽痕等处进入植物体。因此，关键的喷药时期有两次：第一次在发芽前期喷石硫合剂，第二次在开花展叶后喷代森锰锌等杀菌剂。打这两次药可以消灭枝条上的越冬病菌，控制穿孔病的发生。以上情况说明，病害的防治必须要以预防为主，喷药一定在发病之前进行。但如果不清楚果园每年可能发病的情况，则必须详细观察，发现有少量病斑时，即在发病初期，立即喷药。这时不能用波尔多液、石硫合剂或可杀得等预防性农药，而要用内吸性传导农药，如甲基托布津、粉锈宁和多菌灵等。喷药必须细致周到，使每个叶片都要布满药液，以防止病菌再产生孢子，大量繁殖。

5. 果实套袋

很多病虫为害果实。以苹果为例，果实病害严重的有炭疽病和轮纹病，虫害严重的有桃小食心虫、苹果小食心虫和梨小食心虫，还有椿象、金龟子和卷叶虫啃食果实等。因此，要保持果实不被病虫为害非常困难，最好的办法是将果实套起来。套袋不但能保护果实不受病虫为害，而且外观更美观。特别是梨，套袋后果皮嫩白且薄，外观品质大为提高。套袋必须在果实产生病虫害之前进行。一般打一次杀菌剂后再套袋，以防果实在袋中腐烂。不同的果品所套用低袋的种类也不同，同时要注意套袋的质量，既能严格防止病菌害虫进入，又不影响果实的生长。

6. 清洁果园

分析病原菌与害虫的生活习性，有小部分如病毒和村皮腐烂病的病原菌，是寄生在植物体内越冬的，而大部分的病原菌和害虫，冬季则不在树体内。抓住越冬这个环节来消灭病虫害，是最为省工、彻底和有效的方法。病虫害越冬，无非就是 3 个地方：一个是树体表面。对于这种病原生物和害虫，可在早春芽萌动时，用石硫合剂等农药将其消灭。另一个是土壤中，对于在土壤中越冬的害虫，可重点采取在害虫出土前用药剂封杀的办法。另外，可清洁果园和进行土壤深翻，把土壤表面的病原菌和害虫翻到土壤深处深埋而杀死。第三个是枯枝落叶，大量的病菌是在枯枝落叶上越冬的，在冬季把园内的枯枝落叶和杂草集中起来深埋或烧掉。在秋、冬季开沟施肥时把枯枝落叶和杂草埋入施肥沟的深处，在上面施入其他肥料后，再用土埋上。这样，既可消灭枯枝落叶和杂草上的病菌和害虫，又可将枯枝落叶和杂草沤制成有机肥料。另外，对于冬季修剪下来的枝条，也要集中烧掉。这些环节都做好以后，病菌和害虫可大量减少。

六、改进喷药工具，提高喷药质量

（一）改进打药器械

在法国，一个劳动力大约能管理 45 亩地的果树，而我国一个人则只能管理 3 亩地的果树。这其中最大的差距是在喷药的机械化程度上。法国农民用后喷式的弥雾喷药机，他们的果园是宽行密植，行间较宽，喷药机可以开到行间，从喷药机的后面喷雾，雾点极细，如同冒烟一样。机器开过去，两行树的树叶上可全部喷遍药液而不滴水，既省工、省药，又可高效。

我国很多地方还用背负式喷雾器，需要人工加压。条件好的用机动式喷雾器。一个喷雾器需要 3 个人共同作业，一个人开车，两个人手拿喷枪喷药，在果树四周来回转圈，往往喷得不均匀，有的地方喷得多，药液从叶片上滴下来，但有些地方还没喷到。这种机动喷雾器的工作效率比弥雾式喷药机的工作效率要低几十倍。改进喷雾器具，变喷雾为弥雾，将大大提高喷药的速度和质量。

（二）发展管道喷药

管道喷药，非常适合丘陵和山地经济林果园。管道只要一个电动机，即可把固定地点的农药送到果园各个地方，所以，管道喷药是一个非常节能的农业设施。

管道喷药由 3 部分组成：第一部分是配药室，可以设在果园的中收地点，要求有水和电。要建一座小房，内设配药池、电动机和机动喷雾器，可将配好的药液经输液管道压送喷药的地点。第二部分是输药液管道，可通到树园的每个地方。管道用不易老化的塑料管，一般深埋地下，以免影响地面操作，每隔 20 ~ 30m 设一个出口接头。就像自来水龙头一样，可以开关，平时关上，喷药时打开。输送药液的管道在果园内要分布均匀，使果园各处都能喷到农药，第三部分是喷药的喷枪和连接喷枪的胶管，喷枪要质量好，能喷出细雾。橡胶管道一般长 30m 左右，一端连接喷枪，另一端连接输药液的管道。

管道喷药的设备非常简单，投资不高，而且省工又高效，果农各家可以自建一个，也可以几家联合起来建一个。一般可以和机动水井结合起来。电源和水源都要方便。

第四节　经济林产品的采收、包装、贮藏和保鲜

优质林果产品能到消费者手中主要有两个环节：一个是树上能结出优质的林果产品；另一个是通过适时采收、包装、贮藏、保鲜的环节在市场上能供应优质

林果产品。后一个环节也非常重要的。

一、采收要适时

采收时期，对果品的质量影响很大。要生产优质果品，就必须在最适合的时期采收果实。部分果品的采收适期如下。

桃、李、杏，成熟度越高，品质越好。所以，在观光果园，人们可以采收到最可口的十分成熟的桃。另外，也可以根据个人的需求，采到适口的水果。为了在运输中避免损失，采收时间可适当提前，但不宜过早。一般就地销售的鲜食品种，宜在八九成熟时采收；远距离外销的鲜食品种，宜在七八成熟时采收。但是，对于硬肉型的桃，近距离应在九成熟，远距离应在八成熟采收。

葡萄果实采后用途不同，要求采收的成熟度也不一样。一般要远距离供应市场的，则只要糖酸比较合适，风味好，外形美观，达八成熟，即可采收。制葡萄干用的，则要求完全成熟，并已过熟为好，因为这种葡萄含糖量大，出干率高，质量好。用于酿酒的葡萄，因所要酿造酒的类型不同，对果实的糖酸含量的要求也不同。如酿制白兰地葡萄酒，浆果含糖量应达 16% ~ 17%，含酸量为 9 ~ 11 g/L；如甜葡萄酒的，则以含糖量不低于 20%，含酸量不高于 6g/L 为宜。因此，酿酒葡萄的采收时期，要按酒厂制酒的需要，来确定采收成熟度和采收期。

核桃的品质，主要表现在种仁饱满、出仁率高，即核桃仁与核桃重量之比要高，种仁要饱满，含脂肪量高。但是，目前生产上都是提前采收，用竹竿把青皮核桃打下来，进行堆放后熟，以后再剥开青皮，取出核桃。其实，核桃充分成熟后，果皮和核桃之间产生离层，青皮也会自动裂开，使核桃脱落，从树上自己落下来。据测定，北京地区的核桃提前 15d 采收，其产量将损失 10.64%，核桃仁损失 23.27%，脂肪损失 32.58%。这种早采的核桃，所剥出来的核桃仁不饱满，而呈萎缩干瘪状态，吃起来发涩，不香，口味很差。

枣有加工枣和鲜食枣之分。加工枣一般在完全成熟后采收。鲜食枣近几年发展很快，往往由于不了解采收时期而影响品质。以沾化和黄骅的冬枣为例，成熟过程可分为白熟期、脆熟期和完熟期 3 个阶段。鲜食冬枣采收时期过早或过晚，都影响品质，品质较差。在脆熟期采收，则能达到冬枣的四大特点：糖度高，风味好，含汁多，果肉脆。国际上称其为珍奇名果。

二、精心采收与包装

（一）果实采收要完好无损

果实的采收，除少数诸如核桃、板栗和仁用杏类的果实，除了可用自然脱落或人工震落法采收以外，大多数要人工采摘。在采摘前，要剪指甲，戴手套，以免指甲损伤。采摘时，果园内要进行清理，通道要畅通。对一棵树来说，先采外围果后采内膛果；先采下部的果，后采上部的果。对高达果树，要利用轻便高梯采摘高枝上的果实。采果的容器，可挂在胸前或大树枝上。最好能采用底部能打开的采果桶装载采下的果实。欧美国家常用的采果袋，上部是硬质塑料桶，下部是布袋，底部设有可以开关的口子，果实能从下口流入较大的果筐内。这种采果袋装量一般为5kg，挂在胸前，作业比较方便，果实可以从采果袋慢慢流到果筐内，不受伤害。我国产果区采果时多用篮子，果实装满篮子后再往果筐内倒，容易擦伤果皮。

对于浆果类软质水果，例如，葡萄、草莓、枇杷、杨梅和树莓等，采收时更应该仔细。采收葡萄时，一般左手拿住果穗，右手持剪刀将果穗剪下，可直接轻轻地把它放入塑料盒内。穗梗不能直立向上，而应横向放置，使穗梗剪口靠近盒壁，避免穗梗刺伤果粒。在操作过程中，不能碰伤果皮和擦掉果霜（粉），以保持葡萄外形美观。对盛装葡萄的果盒，不能太大太深，一般深度不超过20cm，以能横放2~3层果穗即可，以免互相压伤。草莓必须分期分批采收，并且要采收基本全面上色的成熟草莓，并将其有顺序地排列在果盒内。

大多数的果实，采收时要连果柄一同采下。例如苹果成熟时，果柄与果枝间产生离层，采收时用手向上一托，或顺着左右方向采摘，苹果即可脱落。如果将苹果垂直往下拉，则容易使果实脱离果柄；而不带国柄的苹果在上部有一个伤口，菌类容易侵入，在贮藏期易产生霉烂。所以，无论是苹果和梨，还是桃子和李等果品，采收时都要带有果柄。

从采收时间来说，对于要立即贮藏的果实，最好在早晨采收，切忌在太阳暴晒和雨天时采收，冷凉干燥的果品比较耐贮藏和保鲜。从果园到分级包装的场所，最好用小型机器运输，以提高工作效率。

（二）严格分级与精心包装

1. 严格分级

分级就是按果实的质量好坏分成不同的等级，以便销售时按质论价。一般鲜食果品其颜色应具备本品种的特点和无伤残果实，而后按果实的大小进行分级。

果实的人工分级，再通过形状和颜色选择，并将伤残果剔除以后，最常用的简单分级办法是"卡级板"上卡一下，在大一级孔上能漏下去，而在小一级孔上漏不下，此果实就是与此直径对应的级别。

2. 精心包装

对果实进行包装有两个作用：一是对果实起保护作用；二是作为商品的装

潢，具有品牌和美观作用。从保护果品质量来说，前者是最主要的。

保护果品，首先要使果实不碰坏。果实与果实之间，以及果实与包装物之间，不应产生磨损。所采用的方法，最普遍的是用软纸将每个果实包起来。对套袋果实，采收时也可将果实连同纸袋一起采下来装箱。如黄色的苹果和梨等品种，采收后进行观察，只要无伤残，对合格者即可利用原有口袋来保护。目前最好的护果方法是，用气泡状的塑料软质网袋，将每个果实套起来。这种网袋有伸缩性，不同大小的果实都能适用。套上网袋后，可有效地防止磨损，同时也可以使消费者一目了然地看清果实的外观；不像用纸包裹的果实，必须将纸打开才能看清楚果实的真面貌。泡状塑料网袋目前在国内外被普遍采用，是理想的包装材料。

三、科学贮藏保鲜

（一）低温保鲜

具体做法：分批入库，在库内进行强制通风，用高速的冷风使果实迅速冷却。经过预冷后，再将果实装箱贮藏。冷藏的温度以 $-2 \sim 10℃$ 为宜。

一般来说，葡萄的储藏温度为 $-1 \sim 3℃$，桃储藏温度为 $-0.5 \sim 1℃$，苹果储藏温度为 $-1 \sim 1℃$，梨储藏温度为 $0.5 \sim 1.5℃$，柚子储藏温度为 $10℃$。鲜食枣可贮藏在 $-2℃$ 下。由于枣的细胞中含可溶性固形物的浓度高，所以即使在 -2 摄氏度的温度条件下也不会结冰，细胞不会冻死，而且在 $-2℃$ 下比 $0℃$ 时呼吸作用更低，保鲜效果更好。苹果和梨等果实，一般可以装箱后放入冷库。但纸箱等也不能封闭过严，要有通气孔，使冷空气能较快地渗入箱内，以免使放入冷库的果品包装箱内，长时间处于温度较高的状态。

低温的产生和利用有如下两个途径。

1. 利用自然冷源

在冬季，利用自然低温，挖沟或挖窖，多数挖半地下窖贮藏果品，容易保持低温和提高空气湿度。在初冬季节，白天阻止热空气进入窖内，晚上促进冷空气进入窖内。在寒冷季节要适当保温，使温度保持在 $0℃$ 左右。贮藏窖内要安装通风设备，在需要将降温时，排出热空气，吸进冷空气；在需要增温时则排出冷空气，吸进热空气，以便利用昼夜温差进行温度调节。

利用自然冷源贮藏果品，场所构造简单，建造成本低。一般可以把它造在住房的北面，使之管理方便。但它受自然条件的限制，只能在气温较低的季节应用。其贮藏方法和技术措施，应在使用中不断完善和改进。

2. 利用冷库贮藏

也就是利用机械制冷设备，造成低温环境，用以贮藏果品。首先，冷库要有长期性的建筑库房，并具备很好的绝缘隔热设备。为了提高隔热性，在建筑上要用加气混凝土和膨化珍珠岩来隔热。内壁隔离层最好用聚氨酯泡沫塑料，或聚苯乙烯泡沫塑料，或聚氯丙烯泡沫塑料。其中，聚氨酯泡沫塑料隔热性能最好。机械制冷采用压缩机，用人工制冷方式，将库内的热量，包括果实内释放出的热量，通过压缩机转移到库外，可稳定的维持库内的低温状态。

总之，低温贮藏主要适宜秋季或秋后成熟的果品。对于春、夏季成熟的果实，如樱桃、桃、杏、李、荔枝、龙眼、草莓等，一般以新鲜果品供应市场，但冷藏也能适当延长供应期，起到保鲜作用。春、夏季果品冷藏的温度，一般不能太低，贮藏时间也不宜过长。

（二）气调贮藏

把水果放在一个相对密闭的贮藏环境中，同时改变和调节环境中氧气、二氧化碳和氮气等气体成分的比例，并稳定在一定的浓度范围内，使水果能贮藏较长的时间。这样一种贮藏方法，成为气调贮藏，又称"CA"贮藏。

气调的目的，也是抑制果品的呼吸作用。水果的呼吸作用，是吸收氧气，放出二氧化碳的过程。如果空气中减少氧气，增加二氧化碳，或者增加呼吸作用不需要的氮气，则能抑制呼吸作用。但是要注意，如果氧的浓度过低，特别是二氧化碳的浓度过高，虽然能抑制呼吸作用，却也容易产生对细胞组织的毒害。气调贮藏一般要和冷库贮藏结合起来。从两方面来抑制呼吸作用，就能获得良好地叠加效果。气调贮藏，由简单到复杂，有以下3种方法。

塑料袋贮藏法。塑料袋内是一个小的气调库。塑料袋膜的厚度以 0.04 ~ 0.08mm 为宜。口袋容量大小影响气体的成分。容量太小，则袋内氧降得少，效果差；容量太大，易出现缺氧和二氧化碳过高而中毒。一般容积以在贮量为 10 ~ 25kg 为宜。可以将塑料袋放在果筐或纸箱内。只有装入预冷的果品后，才能把它放在冷库内贮藏。塑料袋贮藏还有利于保持空气湿度，使保存的果品不易萎蔫失重。

塑料大帐贮藏法。用塑料薄膜压制成具有一定体积的方形帐子，扣在果堆或果垛上，将果品密封起来，造成帐内氧浓度的降低、二氧化碳浓度升高的环境。大帐可设在冷库中或冷窖中，薄膜厚度为 0.1 ~ 0.25mm。大帐可贮藏 500 ~ 3 000 kg 果品。一般每立方米容积可放果品 500kg，最普通的一个大帐可装果 2 500kg 左右。塑料大帐可以抽气和充入氮气，也可以在下边设留出气孔，以排除二氧化碳。常利用硅窗来自动调节气体成分。硅窗气调，是在塑料大帐上或塑料口袋上，镶嵌上一定面积的硅橡胶薄膜，用以进行气调贮藏的方式。硅橡胶薄膜的透

气性比塑料薄膜高几十倍，最大的特点是有选择性能。硅窗特别容易透过二氧化碳而不容易透过氮气、氧、二氧化碳三种气体的比例分为1:2:12。硅窗镶嵌在大帐的不同部位上，每贮藏1kg果实，在冷库内需要0.8~1cm²的硅窗。在贮藏过程中，果实的呼吸作用消耗氧气，放出二氧化碳，当氧气过低时，氧气可通过硅窗进入帐内；当二氧化碳过高时，二氧化碳可通过硅窗透出，进入大气中。从而使二者的比例保持在一定的范围内，适宜于果实保鲜。

自动气调库贮藏法气调库贮藏，要有隔热性好的恒温库，要有制冷恒温系统、气调系统和恒湿通风系统。这些设备和设施，都要由电子计算调控和监测。自动气调库贮藏设备先进，机械化、自动化程度高，贮藏规模大，贮藏期长，保鲜效果好。用自动化气调库贮藏果实，其关键是要使库内温度、氧和二氧化碳浓度三者配合恰当。不同果品对温度、氧和二氧化碳所需要的条件不同的，得出最佳的气调技术指标后，才能进行大规模的贮藏。例如芒果，最好的贮藏条件是温度13℃，2%~5%的氧，1%~5%的二氧化碳，加上适量的乙烯吸收剂。在这种贮藏条件下，可极大地延长栀果的供应期。

(三) 降低乙烯浓度

吸收乙烯，降低乙烯浓度的方法是，在包装箱内放一包乙烯吸收剂。乙烯吸收剂的简单制备方法如下：将泡沫砖打碎成小块，大小为1~2cm，作为高锰酸钾的载体。把高锰酸钾溶于40℃的水中，用10L水溶解于0.5kg高锰酸钾，形成饱和溶液。泡沫砖孔隙多，吸收高锰酸钾更多。如果用珍珠岩作载体则更好。珍珠岩小而轻，吸收高锰酸钾更多。将载体放在高锰酸钾饱和溶液内浸泡10min，捞出沥干，即成为乙烯吸收剂。高锰酸钾是氧化剂，能使乙烯氧化而被吸收。将制备好的乙烯吸收剂装入纸袋中，每袋装50~200g，放入果品箱（盒）中，可有效地抑制乙烯的催熟作用。

(四) 防止贮藏期病害

引起果实贮藏期间霉烂的原因之一是微生物的侵染。解决这个问题，要从3个方面着手。

选择健康完好的果品入库。有的果实在贮藏之前已经感染病害，在贮藏过程中发展和表现出来。对于这类病虫果，必须严格剔除。另外，还有裂果和机械损伤的果实，在贮藏前已经进入了微生物，入库后很容易发生霉烂，因此，也必须将其清除。

对冷藏环境彻底消毒。在果品贮藏之前，要对库房进行彻底清扫和消毒。同时装果用的容器等也要进行消毒。消毒时，用喷雾器，将1%浓度的新吉尔灭，或用4%的漂白粉溶液，或用1%的福尔马林溶液均匀地进行喷布。然后，最好再用高锰酸钾与甲醛反应后产生的烟雾，对库内进行熏烟杀菌，封闭24h，以求彻底消毒。

　　对贮藏果实进行杀菌处理。很多果实由于带有病菌，而在贮藏期间发生霉烂。以前，常采用杀菌剂吃力果实，其目的在于防止贮藏果实发生霉烂。为了防止农药污染果实，可采用其他的物理方法给果实杀菌。例如，荔枝果实，可将其放在98摄氏度热水中处理3s，使外果皮的病菌被杀死。此时，荔枝外壳的红色发生变化，可以再用浓度为5%的使用柠檬酸加2%食盐水，浸果数十秒钟，使外壳恢复到原来的颜色。再经冷库预冷后，将果实包装好，放在3~4摄氏度下贮存。采用此法可使荔枝保鲜15d以上。

宁夏枸杞栽培技术

第一节　枸杞优良品种介绍

一、宁杞1号

（一）形态特征

结果枝：粗壮、刺少，当年生枝青绿色，多年生枝褐白色，枝长 40~70cm，节间长 1.3~2.5cm，结果枝开始着果的距离 6~15cm，节间 1.2cm。

叶：深绿色，质地较厚，老枝叶披针形或条状披针形，长 8.0~8.6cm，宽 1.00~1.76cm。

花：花瓣展开 1.5cm，冠长 1.6cm，花丝下部有圈稀疏茸毛，明显花大。

果：果柱形，先端钝或全尖，果身具 4~5 条纵棱，果长 1.8~2.4cm，果径 0.8~1.2cm，果肉较厚，果实鲜干比 4.37∶1，内含种子 10~30 粒，种子占鲜果重的 5% 左右。

（二）经济性状

该品种是现在主要推广的优良品种，树体架形好，针刺少，便于管理。产量一般亩产 150~200kg，管理好可达 250~300kg，最高可达 400kg 以上，鲜果千粒重 605g，一等果率达 79%。植株抗根腐病能力强，对于枸杞蚜虫、枸杞木虱、枸杞红瘿蚊、枸杞锈螨、瘿螨、枸杞蓟马等害虫，应加强预防。宁杞 1 号是目前生产上的主栽品种之一。

二、宁杞2号

（一）形态特征

结果枝：粗壮，针刺多，新枝灰白色，纵列明显，嫩梢淡红色，枝长 50~80cm。节间长 1.4~3.0cm，结果枝基部开始着果的距离 7~17cm，节间长

1.4cm，角度开张，架形硬，生长快，夏果产量低，秋果产量高。

叶：叶绿色，长 5.2cm，宽 1.0cm，老枝叶卵状披针形或披针形。

花：花瓣展开 1.6cm，花冠长 1.7cm，花的下部有一圈浓浓的茸毛，花萼大。

果：棱形，先端具一突尖，果长 1.6 ~ 1.8cm，果径 1.4cm，果肉较厚，果实鲜干比 4.38∶1，内含种籽 5 ~ 26 粒，遇雨易裂果。

（二）经济性状

树体架形硬，枝条开张，产量一般亩产 110 ~ 160kg，管理好的可达 250 ~ 300kg，最高可达 332kg，鲜果千粒重 640g，一等果率 76%。

三、宁杞 3 号（0105）

（一）形态特征

枝：结果枝生长快，枝长 68.4cm，枝基粗 0.38cm，节间长 1.2 ~ 1.79cm，着果距 9 ~ 15cm，针刺多，枝条密而短。新枝灰白色，嫩梢淡绿色。角度开张，架形硬，夏果产量低，秋果产量高。

叶：叶色翠绿，质地较薄，腊质层不明显，老枝叶披针形或条状披针形，七寸枝叶倒卵状披针形或窄剑形，七寸枝叶片反卷下垂。叶长 6 ~ 8cm，叶宽 0.8 ~ 1.4cm。

果：长卵圆形，果长 1.6 ~ 1.8cm，果宽 1.44cm，有金属光泽，果肉厚，表皮蜡质层薄，气孔少，不易制干，遇雨易裂果，鲜果千粒重平均为 1 092.86g，干果千粒重 212.8g，鲜干比为 4.68∶1，鲜果含水量平均为 78.58%，内含种子 5 ~ 25 粒，种子占鲜果重量的 2.37%，占干果重量的 11.1%。

（二）经济性状

宁杞 3 号亩产量高，1.5 × 2m 栽植密度下，第四年平均亩产干果为 410.5kg，四年以上管理好的可达 480.5kg，最高可达 610.5kg，亩干果收入在 6 700 ~ 9 600 元。果粒大，制干困难，色泽差。抗瘿螨、锈螨、白粉病能力较差，防治时时间要前移。

四、宁杞 4 号（大麻叶优系）

宁杞 4 号树势强健，生长快，树冠开张，通风透光好，树皮灰白色，嫩枝梢端淡红色，植株抗根腐病能力强，对锈螨抗性差，七寸枝条果实差别大，应加强对锈螨等害虫的防治。

（一）形态特征

结果枝：粗壮，刺少，当年生枝青灰或青黄色，多年生枝灰褐色。枝长

35 ~ 55cm、节间长 1.3 ~ 2.0cm，结果枝基部开始着果的距离 7 ~ 15cm。

叶：绿色，质地较厚，老枝叶披针形或条状披针形，长 5 ~ 12cm，宽 0.8 ~ 1.4cm，新枝第一叶为卵状披针形，长 5.5 ~ 8.0cm，宽 1.4 ~ 2.0cm。

果：幼果尖端渐尖，熟果尖端钝尖，果身圆或略具棱，果长 1.8 ~ 2.2cm，果径 0.6 ~ 1cm，果肉厚，果实鲜干比 4.3 : 1，内含种子 17 ~ 35 粒。

花：花瓣展开 1.3 ~ 1.4cm，花冠长 1.5cm，花略小。

（二）经济性状

该品种架形软硬适中，针刺少，便于管理。产量，一般亩产可达 100 ~ 150kg，管理好的可达 250 ~ 300kg，最高可达 500kg 以上，干果千粒重 114g，鲜果千粒重 500 ~ 582.9g，种子千粒重 0.8g，一等果率 53%。宁杞 4 号适应性强，抗根腐病、耐锈螨能力强。

五、宁杞 7 号

（一）形态特征

结果枝：当年生结果枝较宁杞 1 号粗长，平均长 56cm，粗 0.35cm。新梢剪截成枝力 4.2 左右，成枝力属中等水平。

叶：成熟叶片宽披针形，叶脉清晰，叶片厚、青灰色。

花：自交亲和水平高，单一品种建园可稳产丰产。花以腋花芽为主，当年生枝（七寸枝）成花起始节位与宁杞 1 号基本相当，每叶腋花蕾 1 ~ 2 枚；2 年生枝（老眼枝）花量极少（休眠期修剪留枝均需短截）。

果：果柱形，先端钝，果身具 4 ~ 5 条纵棱，鲜果平均单果重 0.71 ~ 0.89g，较宁杞 1 号的 0.56 ~ 0.65g 增加 30% 以上。新梢果熟期较宁杞 1 号 2 年生枝推后 3 ~ 4d，较当年生新枝提前 6 ~ 7d。宁杞 7 号一年生硬枝扦插苗如图 2 - 1 所示。

（二）经济性状

该品种是现在主要推广的优良品种，树体架形好，针刺少，便于管理。2 ~ 4 年生幼树较宁杞 1 号增产 20% ~ 30%，5 龄树即可进入盛果期，较宁杞 1 号提前一年，盛果期单位面积产量与宁杞 1 号基本相当。

该品种的耐盐碱、耐寒、抗旱性与宁杞 1 号相当。同一地域较宁杞 1 号早萌芽 4 ~ 5d；树体生长强旺，突出表现为发芽早、生长快、生长量大。

六、0901 与 0909

枸杞新品种 0901.0909 是宁夏农林科学院、国家枸杞工程技术研究中心培育的两个新品种。2014 年 7 月通过自治区林业厅林木良种审定委员会组织的专家现

图 2 – 1　宁杞 7 号一年生硬枝扦插苗

场勘查。

0901：果实颗粒大，鲜果椭圆形，色泽鲜红发亮，含糖量高，可作鲜果食用。鲜果平均单果重 1.24～1.46g，比宁杞 1 号增加 1 倍以上，比宁杞 7 号增加 60% 以上。干果特级率达 90% 以上。长势旺，第 3 年可进入成果期，亩产干果 300kg 以上，与宁杞 7 号基本相当。果粒大、针刺少、易采摘。

0909：夏果平均单果重 1.06g，干果混等 50g 数量少于 252 粒；果粒硬、耐储运、口感脆硬，适宜于制干和鲜食；产量较宁杞 7 号低 15% 左右。

第二节　枸杞园的建立

一、园地的选择

（一）大气环境

园地的周围，不能有工厂燃烧排出的有害气体，如二氧化硫、二氧化氮、氟化物，粉尘和飘尘等，以免枸杞被污染。

（二）土壤条件

土层较厚的沙壤、轻壤和中壤土最适于栽培枸杞。选作茨网的土层深度应在 100cm 以上为宜，土层深厚、质地适宜，有利于根系生长。

（三）地下水

地下水位在 1.2m 以下为宜。

（四）盐碱

一般应选含盐量 0.2% 以下的土地建园。

二、枸杞园的规划

为了便于枸杞的营销、灌溉、运输、施肥、喷药、耕作、采摘、机械化作业等管理工作，要集中连片。在建园之前，对整个园地进行周密的规划设计。枸杞定植前节水槽整地如图 2-2 所示。

图 2-2 枸杞定植前节水槽整地

三、定植技术

（一）种苗选择

当前主栽品种以宁杞 1 号、宁杞 7 号为主。

（二）定植时间

枸杞定植时间为春、夏、秋三季，常以春季定植为主。

（三）栽植密度

可供选择的定植密度有 1.5m × 2m、1m × 3m、2m × 2m、1m × 2m、0.75m ×2m。

四、栽植技术

（一）大穴培肥

培肥穴一般 50cm 见方，每穴施优质有机肥 3～5kg、磷酸二铵 250g 与表土混匀回填，灌冬水沉实，翌春定植。

（二）地膜覆盖

在已培肥的地上，顺行距中铺幅宽 1m 的地膜，再在地膜上按原穴位置或株距挖定植穴植苗。

（三）设立支柱

每株幼树设立一粗 3cm，地上高 1m 左右的木棍做支柱，将选定的领导干，用布条等绑扎物，绑缚在支柱上，以增强领导干的负载力。

（四）计划性密植

为提高茨园的早期产量，可采用计划性密植。即在设计的株间加栽一株作为临时性植株，并采用相同管理措施。当株间郁闭时，挖去临时株，用于大苗建园。

第三节　枸杞园土、水、肥管理

一、土壤管理

枸杞园土壤管理包括园地间种、耕作、土壤培肥等。

（一）园地间种

枸杞树定植后的 1~3 年树冠小，空间大，可以间种一些矮秆经济作物或绿肥，增加经济收入，改良土壤，培肥地力。间种作物：豆类（大豆、扁豆、蚕豆），矮秆蔬菜如大蒜、洋葱、大葱、瓜类均可，以豆类最好。

（二）幼树培土

枸杞扦插苗根系浅，一定要注意基部培土和绑缚支撑物，保证树体端直生长，有利于树冠的培养，提高单产，增加经济效益。

（三）土壤耕作

科学合理的土壤耕作不仅是为了松土灭草，也是防治病虫害中重要的农业防治措施之一。

春季浅耕。早春的土壤浅耕可以起到疏松土壤，提高地温，活化土壤养分，蓄水保墒，清除杂草，杀灭土内越冬害虫虫蛹、虫蚕。一般在 3 月下旬至 4 月上旬土壤解冻后进行，浅耕深度 10~15cm。

中耕除草。在枸杞生长季节的 5—8 月进行，主要作用是保持土壤疏松通气，清除杂草，防止园地草荒，减少土壤水分和养分无效消耗。

翻晒园地。一般深翻 20~25cm，但在根盘内适当浅翻，以免伤根，引起根腐病的发生。

土壤培肥。通过土壤耕作可以翻入杂草。施入各种有机肥，达到培肥地力的

目的。

二、水分管理

(一) 灌水时间

采果前的生长结实期灌水。4月中下旬至6月中旬约50d，是枸杞新梢生长，老眼枝开花结实盛期，应合理灌水，一般4月下旬至5月初灌头水，灌水量70 ~ 75m³。枸杞园春灌如图2-3所示。

图2-3 枸杞园春灌

采果期灌水。6月中旬至7月中旬，这期间气温高，蒸发量大，叶面蒸发强烈，果实成熟带走水分，干热风频繁，湿度降低，果实膨大速度加快，生理需水迫切，一般每采一两次果实，根据实际情况灌水一次。此期早灌水最好、晚进行，高温干热风天气，应及时灌水降温，调节枸杞园小气候温、湿度，以防高温促熟，落花落果现象发生，影响粒重和产量，一般灌水控制在2、3次，灌水量每次控制在50m³左右。

秋季生长期灌水。8月上旬结合施肥灌好伏泡水，促进秋季萌芽，秋梢生长，秋果发育，9月上旬灌好白露水，洗盐压碱、溶肥、保证秋果正常生产，11月上旬结合秋施肥灌好冬水。一般除头水、冬水外，生长季节中的各次灌水以浅灌为好，不能大水漫灌。

(二) 灌水量

根据各地情况不同，灌水次数控制在5 ~ 8次。头水、冬水量可大，一般每次灌水75m³/亩，生育期灌水50m³/亩。

（三）灌水方法

水源充足的地方多采用全园灌溉，在缺水地区可进行沟灌、滴灌、喷灌。

三、施肥技术

（一）肥料的种类

根据肥料施到地下以后，发挥作用的快慢，大体可分为迟效肥和速效肥两大类。有机肥都属于迟效肥，如人粪便、家畜家禽粪便、饼肥，动植物残体等。速效肥主要是化学肥料，大多数化肥能立即溶于水中，且含量高，施入土壤中发挥效益快，但养分含量单一。

（二）施肥

1. 施肥时间

基肥，一般在灌冬水前 10 月下旬至 11 月上旬施腐熟发酵的有机肥及经过计算的大量营养元素肥和微量元素肥料。

第一次追肥，在 5 月下旬施入一定比例的有无机复合肥。

第二次追肥，在 6 月下旬施入活性有机肥，腐殖酸肥或氨基酸冲施肥。

第三次追肥，在 7 月下旬施一定比例有无机肥。

第四次追肥，于 8 月下旬至 9 月初施入一定数量的有无机复合肥，腐殖酸复合肥或氨基酸冲施肥。

2. 施肥方法

（1）基肥。采用环状沟施法，距根颈 40~50cm 挖深达 25~30cm 的环状沟，均匀施入肥料覆土填平。也可根据密度和树龄采用双月芽施肥方法、对称沟施法、盘状沟施法或全园施肥法，无论采用哪种施肥方法，基肥都必须均匀深施。

（2）追肥。一般采用环状沟施或盘状施肥法，施肥深度 12~17cm。

（3）叶面追肥。一般 5 月中旬以后整个生育期 15~20d 喷施一次。叶面喷施最好在阴天或晴天的早晚，上午 11 时以前，下午 5 时以后，减少高温浓缩蒸发造成肥害，便于叶面充分吸收。一般叶背比叶面易于吸收，注意均匀周到。

3. 施肥量

根据绿色食品施肥准则，有机氮和无机氮肥的比例要大于 1：1，每生产 100kg 枸杞干果需纯氮 25kg，五氧化二磷 15kg，氧化钾 10kg。

四、整形修剪

（一）主要树形

1. 三层楼形

有 12~15 个主枝分三层着生在中央领导干上，因树冠层次分明，故得名三

层楼。此种树形高大，成形后树高约 1.8m，树冠直径 1.7m 以上，结果枝多，单株产量高，适宜于稀植高肥栽培。

2. 自然半圆形

自然半圆形又叫圆头形，根据枸杞自然生长的特点，经分层修剪，有 5~8 个主枝分二层着生在中央领导干上，第一层 3~5 个，第二层 2~3 个，上下层主枝不重叠，要相互错开，这种树形冠幅大，高 1.7m 左右，树冠直径 1.8~2m。

3. 一把伞形

一把伞形由自然半圆形或"三层楼"树形演变而来，一般进入盛果期后，主干有较高部位的裸露，而树冠上部保留较发达的主侧枝。因结果枝全部集中在树冠上部，树形象伞，故名"一把伞"。成形后树高约 1.5m，树冠直径 1.5~1.6m。枸杞冬季整形修剪如图 2－4 所示。

图 2－4　枸杞冬季整形修剪

（二）修剪技术

1. 修剪原则

修剪原则是"打横不打顺，去旧要留新，密处行疏剪，缺空留'油条'，短截着地枝，旧枝换新枝，清膛截底修剪好，树冠圆满产量高"。

2. 修剪方法

枸杞的修剪方法基本上有以下两种。

（1）截剪。剪去一个枝条的一部分，称短截。枸杞的剪截程度划分为轻、中、重三级为好。其中只剪去枝条 1/3 部分称轻短截，剪去枝条 1/2 部分称为中短截，剪去枝条 2/3 称为重短截。

（2）疏剪。把一个枝全部剪除。疏剪可以使营养物质均匀地分配在剪口以下各个部分，促进下部枝条芽的萌发生长，尤以对同侧下部芽促进较大。

3. 修剪顺序

（1）清基。对树冠地表和主干基部萌发出的徒长枝应首先把它剪掉，以免挠乱树形，遮闭视野不利于修剪。

（2）剪顶。经过一年的生长，树冠上部又新发出很多徒长枝和二混枝，增高了树冠，为了不使上部树冠秃顶，在不影响树体高度的前提下，短截、清除徒长枝，限制其高度生长，对于树体高度不够的树冠，利用徒长枝放顶，以利发枝，补充树冠达到所需高度。

（3）清膛。剪去树冠膛内的串条及不结果或结果少的高龄弱枝，以便增强树体的通风透光性能，以利果实生长发育。

（4）截底。为便于园地土壤管理，不使下垂枝上的果子霉烂，对树冠基层的着地枝距地面30cm处短截。

（5）修围。对树冠结果枝层的修剪，主要是选留良好的结果枝，剪除非生产性枝条。修剪时要看施肥水平，病虫害防治彻底与否，上年枝条萌发的程度等决定修剪量。

（三）整形修剪过程

1. 幼龄树的整形修剪

（1）定干。定干高度因苗木大小，有无主枝而异，粗壮苗木，有主枝的苗木一般定于高度为60~70cm，细弱苗木，无主枝的苗木定干低些，一般为50~60cm。定干过低，第一层发出的结果枝搭在地上，易侵染病害，花果受损，耕作不便，定干过高，重心不稳，树冠易倾斜，会影响枝条分布、树冠面积及产量。一般栽植当年离地面高为50~60cm处剪顶定干比较合理。

定干的当年在剪口下15~20cm范围内发出的新枝条（若主干上原有侧枝也可以利用）中，选4~5个分布均匀的强壮枝作为第一层主枝圈10~20cm处短截，弱枝重截，壮枝长放，促发分枝粗细均匀。还可在主干上部选留3~4个小枝不短截作为临时性结果枝，有利于边整形边结果。对主干上多年侧枝应剪去，等主枝发出分枝后，在其两侧各选1~2个分枝培养结果枝组，并于10~15cm处摘心或短截。若分枝长势弱，则当年不短截，此任务可在下年进行。

（2）冠层培养。第二年春天，若上年各主枝萌发的分枝在当年没有短截，则第二年应在各主枝两侧各选1~2个分枝留10~15cm进行短截，促发分枝，培养结果枝组。对第一年在主干上留的临时结果枝若太弱或过密，可以疏去。第二年因树势增强会从第一年选留的主枝背部发出斜伸的强壮枝，可各选一个做主枝的延长枝，并于 15 ~ 20cm 处摘心，当延长枝发出侧枝后，同样在其两侧各选 1 ~ 2 个分枝于 10 ~ 15cm，摘心，使其再发枝，培养成结果枝组。主干上部若发出直立徒长枝，可选一枝最壮枝条于 40 ~ 50cm 处摘心，培养成为中心干，待其发出分枝时选留 4 ~ 5 个分枝作第二层主枝，若此主枝长势强，可在 10 ~ 20cm 处摘心或短截，促其发出分枝培养成第二层树冠。若此主枝长势中庸，短截任务可放在下年进行，对影响主枝生长的枝条，可以采用捋、拉方法，把各枝均匀排开，以便枝条构成圆满树冠。生长过密的弱枝和交叉枝等应及时剪除。

（3）放顶成形。第三至五年仿照第一年的方法，在中心干上端发出的直立徒长枝，选留一枝于 40 ~ 50cm 处摘心或短截。若中心干上端不发出直立徒长枝时，可在上层主枝或其延长枝上离树冠中心轴 15 ~ 20cm 范围内选 1 ~ 3 个直立徒长枝，高于树冠面 10 ~ 20cm 处摘心或短截，发出侧枝，增高树冠。经过 4 ~ 5 年整形修剪，一般树高达 1.8m 左右，冠径 1 ~ 1.2m，根颈粗 5 ~ 6cm，一个 4 ~ 5 层的树冠骨架基本形成，但是，如果肥水不足，栽培管理条件差，树体生长弱，则不能如期发枝或发枝较弱，那么树冠的形成时间就会推迟，若主干上部不能长出直立的徒长枝，就会形成无中心干的树形。

对没有强有力支柱，水肥条件好的茨园，可利用绑缚主干的办法，加速整形，凡生长旺盛主枝延长枝超过 60cm 的即可重短截促发主枝，一年可形成两层树冠，可使整形期缩短两年。

2. 盛果期树的修剪

（1）春季修剪。3 月 15 日至 4 月 20 日进行，是一年中最全面的一次修剪。现在加强秋季管理，延长枸杞采收期到 10 月底，来不及秋季大剪，加上春季修剪植株萌芽，活枝与干枝易于辨认，便于剪尽，以达到理想树冠的目的，按照"打横不打顺，去旧要留新，密处行疏剪，稀处留油条，短截着地枝，旧枝换新枝，清膛截底勤修剪，树冠圆满产量高"的修剪原则，通过清基、剪顶、清膛、修围、截底 5 个步骤细致修剪。

（2）夏季修剪。一般在 5 ~ 9 月份根据树龄不同，品种不同，施肥水平不同进行修剪。修剪的主要任务是剪去主干、中心干、主枝上的徒长枝（树冠缺空或秃顶处的徒长枝摘心处理，加以利用）以减少养分无益消耗，增加树冠通风透光能力，促进开花结果，一般 7 ~ 10d 修剪一次。为了延长结果期，缓解七寸果高峰期人力不足的问题，夏季修剪时，4 月上、中、下旬主干、中心干、主枝上出现的萌芽全部及早抹除，3 ~ 4 次过后，在树冠上部、主枝是发出的二混枝，徒长枝要尽量选留，并适期剪顶，促发新枝结果，7月中下旬至8月份陆续成熟采收，相应延长结果期。所以说夏季修剪是解决徒长枝合理利用的问题，只要合理加以利用既不影响结果枝生长，大量消耗养分，产生果粒变小，下部枝条落花落果的现象，同时又能扩大树冠，补满树形，对提高产量有显著的作用。

（3）秋冬季修剪。一般10月下旬至11月上旬秋果采收结束。为了避免劳力紧张，又不影响秋果生产，常把这次修剪时间推迟到2—3月中旬进行，也可合并为春季修剪。

第四节　枸杞有害生物控制技术

一、枸杞黑果病

枸杞黑果病是枸杞的重要病害。此病发生的程度与枸杞生长季节降雨量有直接关系，降雨天数多，发病重。在河北、山东可造成减产50%～80%。病原菌危害枸杞的青果、花、蕾，也危害嫩枝和叶。发病较轻时果实成熟后形成黑色病斑，降低经济价值，严重发病时，青果全部变黑，失去经济价值。

（一）发病症状

枸杞黑果病是真菌病害，青果发病后，早期出现小黑点或黑斑或黑色网状纹。阴雨天，病斑迅速扩大，使青果变黑，不能成熟。晴天病斑发展慢，病斑变黑，未发病部位仍可成熟为红色。花感病后，花瓣出现黑斑，轻者花冠脱落后，幼果能正常发育，重者子房发黑，不能结果。幼蕾感病后，初期出现小黑点或黑斑，严重时整个幼蕾变黑，不能开花。枝叶感病后出现小黑点或黑斑。

（二）发病规律

病原菌在病果内越冬，也可以残留在树上和地上的黑果内越冬，主要通过风和雨水传到附近的健康花、果、蕾等部位，病菌可以通过伤口及自然孔口侵入。一般风力摩擦、虫伤是自然条件下造成伤口的主要原因，也是侵染的主要渠道。黑果病的流行与湿度、温度关系密切，湿度与降雨量对发生蔓延起主导作用，温度只起促进作用。初期（5—6月）日平均温度17℃以上，相对湿度60%以上，每旬有2～3d降雨，田间既可发病，盛期（7—9月）日平均温度17.8～28.5℃，旬降雨量在4d以上，连续两旬的平均湿度在80%以上，发病率猛增，出现危害高峰。

（三）综合防治技术

1. 农业措施

在冬季最冷的一月中下旬，敲振枸杞树上的病果。

春季结合修剪清理枸杞园，把病残枝、叶、果全部带出园外烧毁。

2. 化学防治

在5—9月的生产季节，注意收听当地天气预报，如果此期间有连续阴雨天气出现，雨前喷洒100倍液等量式波尔多液保护剂，雨后喷施50%甲基托布津可湿性粉剂600倍液或50%多菌灵可湿性粉剂800倍液进行防治。机械喷药如图2-5所示。

3. 根腐病

用高锰酸钾500倍、硫酸铜500倍、农用链霉素600倍灌根。根腐灵300倍、腐烂灵、腐必清300~400倍。

图2-5 机械喷药

4. 流胶病

用硫酸铜100倍、高锰酸钾500倍涂抹后包扎。腐烂灵、腐必清原液涂抹塑料膜薄包扎。

5. 灰霉病、白粉病

用石硫合剂250倍、硫悬浮剂150倍、苏打水1 000倍喷雾。用1∶1∶200波尔多液（硫酸铜∶生石灰∶水）、噻霉酮800倍、春雷霉素600倍、多抗霉素、农抗"120"600倍、高锰酸钾1 000倍。

二、枸杞蚜虫

属蚜科，在生产上又叫绿蜜、蜜虫和油汗。凡是有枸杞栽培的地区均有枸杞蚜虫的为害，枸杞蚜虫为害期长，繁殖快，是枸杞生产中重点防治的害虫之一。

1. 形态特征及危害症状

枸杞蚜虫属不完全变态，有卵、若虫和成虫3种形态。其中，成虫有有翅蚜和无翅蚜两种。有翅蚜体长约1.9mm，体绿色至深绿色；无翅蚜体长1.5～1.9mm，体淡绿色至深绿色。枸杞蚜虫常群集嫩梢、花蕾、幼果等汁液较多的幼嫩部位吸取汁液危害，造成受害枝梢曲缩，停滞生长，受害花蕾脱落；受害幼果成熟时不能正常膨大。严重时枸杞叶片全部被蚜虫的"粪便"所覆盖，起油发亮，直接影响了叶片的光合作用，造成植株大量落叶、落花、落果，和植株早衰，致使大幅度减产。

2. 发生规律

枸杞蚜虫以卵在枸杞枝条缝隙内越冬，春梢开始抽发时，卵孵化为干母。第一代成虫繁殖2、3代后出现有翅蚜，5月中旬至7月上、中旬虫密度最大。6月中、下旬是蚜虫危害的最高峰。7月中、下旬遇雨，虫口逐渐下降，整个8月虫口密度最低，9月秋梢生长时，枸杞蚜虫转移危害秋梢，虫口又上升，但比夏季要低的多，10月下旬将卵产在枝条缝隙处越冬。

枸杞蚜虫发生规律的最新研究成果是：发育起点温度为8.9℃，当日平均气温达到8.9℃，开始出现干母。三十年的资料显示，最早出现在4月17日，一般出现在4月下旬。枸杞蚜虫每完成一个世代需要有效积温88.36℃。即枸杞蚜虫从卵发育到成虫，随着气温的上升而加快。在5月上、中旬每完成一代一般需要15d左右，而6月下旬至7月上旬，每完成一个世代只有5d左右的时间。日均温度20℃时是有翅蚜出现的高峰期，高峰期之后，由于全部以孤雌胎生繁殖，约15d时间生产上出现危害高峰期。

3. 综合防治技术

（1）抓住关键防治时期。枸杞蚜虫的发生规律有明显的变化趋势，所以，在防治上要根据它的发生发展特点，抓好干母孵化期，有翅蚜出现初期和越冬代产卵期的防治。

（2）充分运用农业防治措施。由于枸杞蚜虫越冬卵产在枝条的缝隙之中，在生产季节又常群集在枝条嫩梢为害，尤其是在有翅蚜未出现之前，有枸杞蚜虫集中在枝条嫩梢为害的特点，所以，在防治中充分运用农业措施，能起到事半功倍的效果。

①将休眠期修剪后的枝条和枸杞园干枯的杂草集中带出园外烧毁，减少越冬基数。

②及时进行夏季修剪，枸杞蚜虫在五月下旬以前，主要集中在徒长枝、根蘖苗和强壮枝的嫩梢部位，通过及时疏剪徒长枝、根蘖苗和短截强壮枝梢，带出园外烧毁，既降低了生长季节的虫口密度，也提高了防效。

运用水肥措施，主要是重视施用有机肥，增施磷钾肥，以及适当的控制灌水次数，使枸杞树体壮而不旺，提高树体的抗虫能力。

（3）合理选用农药。选用高效低毒的化学、生物农药进行防治，在生产中经常结合防治枸杞锈螨和瘿螨进行混合防治。主要药剂和使用倍数有：2.5%功夫 2 000～3 000 倍液；2.5% 氯氢菊酯 2 000～2 500 倍液；10% 吡虫啉 1 000～1 500 倍液；75% 艾美乐 8 000～10 000 倍液；3% 啶虫脒 2 500～3 000 倍液；0.5% 赛得 2 000 倍液；10% 扑虱蚜 1 500～2 000 倍液；0.3% 爱福丁 1 500 倍液；3.4% 苦参素 800～1 200 倍液。在使用这些药剂时，要坚持轮换用药，严格控制使用浓度以减缓抗性，提高防治效果。

（4）引进和保护天敌。在生产中天敌对枸杞蚜虫有明显的抑制作用。枸杞蚜虫的天敌主要有七星瓢虫、龟纹瓢虫、草蛉、食蚜蝇、蚜茧蜂等益虫。近年来，宁夏园艺所、宁夏植保所、宁夏中宁县枸杞局，开展了引进瓢虫防治枸杞蚜虫试验，有明显的控制作用。

三、枸杞木虱

属同翅目，木虱科，又叫猪嘴蜜、黄疸，是枸杞生产中重要防治的害虫之一。

（一）形态特征与危害症状

成虫黑褐色，似小蝉体长 2mm。卵：长圆形，产于叶正面和背面，有一长丝柄连接。若虫扁平，形如盾牌，主要着生于叶背面，体长 3mm，宽 1.5mm。木虱成虫与若虫都以刺吸式口器刺入枸杞嫩梢，叶片表皮组织吸吮树液，造成树势衰弱。严重时成虫、若虫对老叶、新叶、枝全部为害，树下能观察到灰白色粉沫粪便，造成整棵树树势严重衰弱，叶色变褐，叶片干死。产量大幅度减少，质量严重降等，最严重时造成 1～2 年幼树当年死亡；成龄树果枝或骨干枝翌年早春全部干死。

（二）发生规律

枸杞木虱以成虫在树冠、土缝、树皮下、落叶下、枯草中越冬。翌年气温高于 5℃时，开始出蛰危害。笔者在中宁县观察到木虱成虫最早出现的时间是 2 月下旬。一般在 3 月下旬出蛰危害，出蛰后的成虫在枸杞萌芽前不产卵，只吸吮果枝树液补充营养，常静伏于下部枝条的向阳处，天冷时不活动。枸杞萌芽后，开始产卵，孵化后的若虫从卵的上端顶破卵壳，顺着卵柄爬到叶片上危害，若虫全部附着在叶片上吮吸叶片汁液，成虫羽化后继续产卵危害。枸杞木虱各代的发育与气温关系不大，一般卵期 9~12d，若虫期 23d 左右，每完成一个世代的时间大约 35d，由此可以判断木虱一年发生 5 代，各代有重叠现象。枸杞木虱各代没有明显的繁殖高峰，当防治上没有选准药剂，或错过防治时期，累计到哪一代，危害高峰期就暴发在哪一代。

（三）综合防治技术

农业措施：枸杞木虱主要在树冠下土缝中、落叶下、枯草中越冬，每年 3 月上旬集中清除枸杞园内落叶、枯草，对减少越冬代基数有很大关系。

抓关键防治时期：枸杞木虱是枸杞所有害虫中出蛰最早的害虫，一般出蛰盛期，枸杞都还没有展叶，紧紧抓住这一防治佳期，选准对路农药，完全可以控制全年的木虱总量。抓关键防治时期是防治枸杞木虱两大防治关键技术之一。

合理选用农药：枸杞木虱对农药的选择范围小，要选择对路农药进行防治，防治不困难，防治效果很好。枸杞木虱一般抗药性产生较慢，选准一个农药可以使用 3~5 年，如用敌杀死防治枸杞木虱防治时间长达 5~7 年。

在生产中由于防治枸杞蚜虫的有些药剂可以兼治木虱，当早春萌芽期对木虱防治较好的枸杞园，在生产季节喷施扑虱蚜、艾美乐、吡虫啉、阿克泰等药剂就能达到控制木虱的目的。下面根据近年来对木虱的试验结果，介绍几种药剂和使用倍数。25% 敌虱龙 2 000~2 500 倍液；1.8% 益犁克虱 5 000~6 000 倍液；木虱一边净 1 500 倍液；1.8% 阿维菌素 3 000 倍液；28% 蛾虱净乳油 1 500 倍液；1.8% 齐螨素 2 000~3 000 倍液。

四、枸杞锈螨

枸杞锈螨是 20 世纪 80 年代发现，80 年代鉴定的锈螨型的瘿螨新种，对产量和质量影响很大，是枸杞生产中重点防治的害螨。

（一）形态特征与危害症状

枸杞锈螨体态很小，凭眼睛是直接看不到的，放大 20 倍成螨体长 3.4~3.8mm，宽 1.3~1.5mm，体似胡萝卜中的黄萝卜形。枸杞锈螨在叶片上分布最多，一叶多达数百头到 2 000 头之多，主要分布在叶片背面基部主脉两侧，自若螨开始将口针刺入叶片，吸吮叶片汁液，使叶片营养条件恶化，光合作用降低，叶片变硬、变厚、变脆、弹力减弱，叶片颜色变为铁锈色。严重时整棵树老叶、新叶被害叶片表皮细胞坏死，叶片失绿，叶面变成铁锈色，失去光合能力，全部提前脱落，只有枝，没有叶。继而出现大量落花、落果，一般可造成减产 60%

左右。1984年之前，在宁夏芦花台园林场、在中宁县，枸杞锈螨发生很普遍，按照传统说法"镰刀响，果子淌"，实际就是枸杞锈螨严重危害后的结果。

（二）发生规律

枸杞锈螨以成螨在枝条芽眼处群集越冬。春季4月上旬枸杞萌芽，成螨开始出蛰，迁移到叶片上进行危害，4月下旬产卵，卵发育为原雌，以原雌进行繁殖。枸杞锈螨在叶片营养恶化不严重的情况下，一般不转移到其他单株上危害，继续在原有单株吸汁危害，直至叶片表皮细胞坏死，叶片变为铁锈色，失去光合作用，出现大量落叶。在锈叶脱落前成螨和若螨转移到枝条芽眼处越夏。秋季新叶出现后，成螨和若螨又转移到新叶危害并繁殖后代，10月中、下旬气温降到10℃左右，成螨从叶面爬到枝条芽眼处群聚越冬。

枸杞锈螨从卵发育到成螨，完成一个世代平均为12d，按此推断。全年可发生20代以上。生活史观察枸杞锈螨一年有两个繁殖高峰，即6、7月的大高峰和8、9月的小高峰。在生产上一般造成全部落叶，形成光秃枝的情况主要发生在6月到7月。8月到9月未见出现过这样严重的情况。锈螨的爬行仅限于单株范围，株间短距离传播靠昆虫、风和农事活动，远距离传播主要是苗木。

（三）综合防治技术

农业防治措施：枸杞锈螨发生的迟早和发生的严重程度，在生产上与农业措施有较强的关系，运用好农业措施，对减轻枸杞锈螨的危害有明显的作用。

枸杞锈螨以成螨在枝条芽眼处群聚越冬，在生产中利用枸杞锈螨群聚在果枝上越冬的习性，在休眠期对病残枝疏剪，对果枝的短截修剪，减少越冬锈螨基数有明显的作用。

选择栽植抗螨品种，如大麻叶优系，宁杞一号。

增施有机肥，合理搭配磷、钾肥，增强树势，提高树体耐螨能力。

新建枸杞园避开村舍和大树旁。

抓关键防治时期：锈螨防治要抓两头和防中间。抓两头：一是抓春季出蛰初期，4月中下旬防治；二是抓10月中下旬入蛰前防治。防中间：主要防好繁殖高峰6月初之前和8月中旬越夏出蛰转移期。

化学防治措施。

10月中下旬越冬前用3~5度石硫合剂，4月中下旬，出蛰期用50%溴螨酯乳油4 000倍或红白螨锈清2 000~2 500倍进行防治。

生产季节选用73%克螨特乳油2 000~3 000倍；或45%~50%硫磺胶悬剂120~150倍；或20%双甲脒2 000~3 000倍；或0.15%螨绝代乳油2 000倍；或

哒螨灵 2 000 ~ 2 500倍液。

五、枸杞瘿螨

属蜱螨目,瘿螨科。被害部呈黑痣状虫瘿,螨虫多生活在虫瘿内。一般防治效果比锈螨差,造成的损失要比锈螨轻。

(一) 形态特征与危害症状

枸杞瘿螨体态很小,能够直接看到的只是它的危害症状。螨体似胡萝卜中的红萝卜型。枸杞瘿螨危害枸杞叶片、嫩梢、花蕾、幼果,被害部分变成蓝黑色痣状的虫瘿,并使组织隆起。严重时,幼叶虫瘿面积占叶片的1/4 ~ 1/3,嫩梢畸形弯曲,不能正常生长,花蕾不能开花结果。

(二) 发生规律

枸杞瘿螨是以老熟雌成螨在枸杞的当年生枝条及2年生枝条的越冬芽、鳞片及枝条的缝隙内越冬,翌年4月中、下旬枸杞枝条展叶时,成螨从越冬场所迁移到叶片上产卵,孵化后若螨钻入枸杞叶片造成虫瘿。5月中下旬春七寸枝新梢进入速生阶段,老眼叶片上的瘿螨从虫瘿内爬出,爬行到七寸枝枝梢上危害,从此时起至6月中旬是第一次繁殖危害盛期。8月中下旬秋梢开始生长,瘿螨又从春七寸枝叶片转移到秋七寸枝梢叶片危害,9月达到第二次危害高峰。10月中下旬进入休眠。

(三) 综合防治技术

枸杞瘿螨和枸杞锈螨同属于一科害螨,防治药剂、浓度、时间基本上和防治锈螨一致,用防治锈螨的药剂进行防治瘿螨就能达到控制的目的。同时注意如下两点:一是在枸杞休眠期修剪后,枸杞萌芽前选用3 ~ 5Be石硫合剂进行防治一次;二是在枸杞瘿螨虫瘿破裂转移期选用哒螨灵等药剂进行防治。

六、枸杞红瘿蚊

枸杞红瘿蚊是一种专门危害枸杞幼蕾的害虫。经它危害的幼蕾,失去开花结实的能力。这种害虫虽然不像枸杞蚜虫、枸杞木虱是每个产区主发性害虫,但由于无公害农药多不具备内吸作用,所以在生产上近20年来,在宁夏产区,发生的普遍性和造成的经济损失越来越重,有加重趋势。

(一) 形态特征与危害症状

成虫长2 ~ 2.5mm,黑红色,形似小蚊子。卵:无色或淡橙色,常10 ~ 20粒产于幼蕾顶部内。幼虫初龄时无色,随着成熟至橙红色,扁圆,长2.5mm。蛹:黑红色产于树冠下土壤中。被红瘿蚊产卵的幼蕾,卵孵化后红瘿蚊幼虫就开始咬

食幼蕾，被咬食后的幼蕾逐渐表现畸形症状。早期幼蕾纵向发育不明显，横向发育明显，被危害的幼蕾变圆，变亮，使花蕾肿胀成虫瘿。后期花被变厚，撕裂不齐，呈深绿色，不能开花，最后枯腐干落。

（二）发生规律

枸杞红瘿蚊以老熟幼虫在土壤里作茧越冬。4月中旬，枸杞展叶后，成虫羽化时，蛹壳拖出土表外，此时老眼枝幼蕾正陆续出现，成虫用较长的产卵管从幼蕾端部插入，产卵于直径为1.5~2mm的幼蕾中，每蕾可产10~20粒卵；卵孵化后，幼虫钻住到子房基部周围，蛀食正在发育的子房，使子房不能正常发育，变为畸形。蛀食子房的幼虫成熟时，花萼裂片开裂，成熟幼虫从开裂处，落入树冠下，迅速钻入土壤1~3cm作茧化蛹，蛹期平均为7d。老熟幼虫继续羽化，羽化后2d即上树继续产卵为害。此时正是春七寸枝幼蕾发育期。整个过程和为害老眼枝幼蕾相同，被为害的幼蕾，花萼裂片开裂，成熟幼虫从开裂处落入土壤中化蛹，羽化后继续为害二混枝幼蕾。为害二混枝幼蕾的害虫可继续为害秋七寸枝幼蕾。

枸杞红瘿蚊发育起点温度为7℃，在宁夏大致时间是4月10—15日。枸杞红瘿蚊每完成一代需要有效积温347.5℃，在宁夏全年要发生代数约为6代。枸杞红瘿蚊每完成一个世代大约需要22~27d，即羽化后到产卵2d，卵期2~4d，幼虫危害期11~13d，蛹期7~8d。除第一代发育整齐外，其他各代世代交替比较明显。

（三）综合防治技术

1. 农业措施

剪除被害果枝或采摘被害幼蕾。一般五月中旬越冬代害虫危害的症状都已明显，成熟幼虫还没有落土作茧，要紧紧抓住这一有利时机。发生重，面积大的枸杞园，生产者可采取剪去被害的老眼枝果枝；发生重，面积小的枸杞园生产者可采取摘除症状明显的危害幼蕾，对降低第一代虫口基数效果明显。

羽化期灌水，可抑制羽化率20%~40%。

2. 抓关键防治适期

防治枸杞红瘿蚊最关键的时期是越冬代成虫羽化期。

3. 化学防治

枸杞红瘿蚊每个世代只有2d左右时间，裸露在树冠表面，其余时间都在幼蕾和土壤中，这就为枸杞红瘿蚊的防治增加了难度，为了充分发挥化学防治作用，以地面防治为主，以树冠防治为辅，地面防治重点要抓好越冬老熟幼虫羽化前防治和其余各代幼虫落土到成虫羽化前防治。

地面防治药剂：40%辛硫磷乳剂，每667m² 600ml 或5%辛硫磷颗粒剂每667m² 2.5～3kg 或40%毒死蜱每667m² 500～600ml 或50%乙酰甲胺磷每667m² 500～600ml 拌细湿土60～100kg，闷10～12h，撒施于园中，树冠下多撒点，撒施后及时灌水。

树冠防治根据红瘿蚊发育周期选择在成虫产卵期进行防治。药剂有40%毒死蜱700倍加10%吡虫啉1 500倍或40%毒死蜱700倍加50%乙酰甲胺磷800倍或30%阿耳法特1 000～1 500倍液。

七、枸杞负泥虫

在老产区一般间歇性发生或不发生，在枸杞新发展地区，尤其是荒漠的新发展地区属常发性害虫。成虫和幼虫啃食叶片，防治不及时甚至会整株树叶被吃光，严重影响植株生长和产量。

（一）形态特征与危害症状

枸杞负泥虫又叫十点叶甲，属叶甲科，成虫长约5mm，很象小天牛，卵黄色，一般有10多粒呈"V"形排列于叶背面；幼虫长约7mm，泥黄褐色，背面附着黑绿色稀糊状粪便。负泥虫成虫、若虫均为害叶片，成虫常栖息于枝叶；幼虫背负自己的排泄物，故称负泥虫。被害叶片在边缘形成缺刻或叶面成孔洞，严重时全叶叶肉被吃光，只剩叶脉。

（二）发生规律

枸杞负泥虫常栖息于野生枸杞或杂草中，以成虫飞翔到栽培枸杞树上啃食叶片嫩梢，以"V"形产卵于叶背，一般8～10d卵孵化为幼虫，开始大量危害。幼虫老熟后入土吐白丝黏和土粒结成土茧，化蛹其内。

枸杞负泥虫一年均发生3代，以成虫在田间隐蔽处越冬，春七寸枝生长后开始危害，6～7月危害最严重，10月初，末代成虫羽化，10月底进入越冬。

（三）综合防治技术

枸杞负泥虫由于脏，个体大，一般很容易被生产者发现，幼虫体壁薄不耐药，相对防治容易。

农业措施：清洁枸杞园，尤其是田边、路边的枸杞根蘖苗、杂草，每年春季要干净彻底的清除一次，对全年负泥虫数量减少有显著作用。

药物防治：一般选择中毒和低毒化学农药在幼虫期进行防治效果很好，如用40%乐果800～1 000倍液或20%杀灭菊酯2 000～2 500倍液或2.5%敌杀死3 000倍液，防治效果都很好。

八、综合防治技术

枸杞在年度生长发育过程中，常常遭受主要病虫害如：枸杞蚜虫、枸杞木虱、枸杞锈螨、枸杞瘿螨、枸杞红瘿蚊、枸杞黑果病等虫、螨、病的危害。在防治上如果不够科学、合理，就会造成减产、降低质量。同样还遭受次要病虫害如：枸杞蓟马、肓蝽、金龟子、枸杞根腐病等病虫的危害，这些次要病虫害如果控制不力，很容易上升为主要病虫害，也能造成一定程度的减产和品质下降。

枸杞病虫害普遍存在虫体小、史代多，生活史重叠和危害严重的共性，还存在着出入蛰时期不同，发育周期长短不一，危害的部位、方式不同，有在表面危害的，也有在叶片、花蕾、果实内部危害的个性，给枸杞病虫害防治造成了很大的难度。因此我们不能在生产中就一种虫、一种病制订一套防治方案，而必须采取综合的方法，系统地对全年发生的病虫害，制订一套综合的方案进行防治。

强化病虫害预测预报职能，指导病虫害防治根据各枸杞产区的面积布局，建立病虫害预测预报体系，对病虫害发生、发展规律进行系统调查记载，结合气象资料进行相关分析，根据病虫害分布状况、发生种类、发生程度、危害部位、损失情况确定防治指标，制订防治方案，发布防治信息，及时指导防治。

狠抓关键时期的综合防治如下。

（一）休眠期（11月至3月底）的综合防治

此期各种病、虫、螨，除3月下旬有少量的木虱出蛰以外，各种害虫害螨都在入蛰状态，全部生活在越冬场所。综合防治的目的就是减少出蛰害虫的基数。

狠抓修剪措施。在2月底至3月上中旬把修剪下来的各种枝条，震落下的残留病虫果，园中杂草及埂边萌蘖苗带出园，集中烧毁。此项措施对降低枸杞蚜虫、枸杞瘿螨、锈螨出蛰基数效果很好，对降低其他病虫害也有明显效果。

在3月下旬用28%强力清圃剂1 500倍或40%石硫合剂晶体100倍，或熬制的石硫合剂30倍+48%毒死蜱乳油1 000倍液对树冠、地面、田边、地埂、杂草进行全面喷雾，有明显降低病菌、虫卵越冬基数的作用。

（二）病虫害初发期（4—5月）的综合防治

4—5月枸杞萌芽、长叶，新梢开始生长，老眼枝开始开花结果，此时正是各种害虫发生活动期，根据各种害虫的种类、发生期不同、危害部位、方式不同，采取相应的防治措施。抓好了各种害虫的防治，枸杞生育期主要病虫害就不会大发生，次要病虫害也会得到相应的控制。此期以木虱、蚜虫、瘿螨、锈螨为主，兼治蛀梢蛾及其他害虫。

强化4月中旬至5月底夏季修剪，及时对徒长枝及园内萌蘖苗的清除，及时对二混枝进行摘心处理，以防蚜虫前期在嫩梢大量繁殖危害。

4月中旬以防治枸杞红瘿蚊羽化出蛰为重点，抓好枸杞园土壤施药的地面封闭工作。用5kg/亩1.5%辛硫磷颗粒剂或2kg/亩14%毒死蜱颗粒剂拌湿土150kg均匀撒入土中。

在4～5月底利用木虱对黄色光的趋性，每亩放置40cm×60cm大小的黄色纸板4～5块，板上涂高氯菊酯或益梨克虱机油对木虱成虫进行诱杀。

采用4.5%高氯菊酯1500倍+1.8%益梨克虱3000倍+34%速螨酮2000倍液或0.5%赛得1500倍+20%托尔螨净2500倍+0.9%龙宝2000倍液进行喷雾，防治蚜虫、木虱、螨类等其他害虫。

枸杞红瘿蚊发生区，可在5月中旬采用树冠喷施30%阿尔发特2500～3000倍液，土壤施用辛硫磷或毒死蜱颗粒剂进行处理，要求施后及时灌水。

（三）病虫害盛发期（6—7月）的综合防治

此期枸杞处在生长结果旺盛期，各种病虫害种类多、虫态复杂。

抓主要害虫。如蚜虫、蓟马、瘿螨、锈螨、黑果病的防治，兼顾蛀果蛾、菜青虫、金龟子、负泥虫、盲蝽等其他次要害虫的防治。

加强肥水管理。通过全面平衡营养施肥，增施有机肥、生物复合肥，合理控氮，增磷钾肥，补充微量元素肥料，增强树体的抗病虫能力，减轻喜氮病虫害如蚜虫、瘿螨因食料充足，而加速繁殖危害。根据枸杞的需水规律，改进灌水方法、灌水次数、灌水量，控制枸杞徒长枝条旺长，降低枸杞园湿度，降低病虫害的大发生。

强化夏季修剪。在5月中旬到6月中旬，根据枸杞优质高产的要求。整出良好的树形，保持结果枝条均匀适中，合理负载，及时清除徒长枝，短截二混枝，改善树体营养状况和通风透光条件，减轻病虫害的大量繁殖危害。

在枸杞采收期利用灌水之机，进行树冠泼浇，或高温时喷施氨态氮肥或渗透剂，以起到杀死和冲刷蚜虫的目的。

利用蚜虫对白色光的趋性，每667m² 放置40cm×60cm大小的白色纸板4～5块，板上涂吡虫啉或啶虫脒机油对枸杞有翅蚜进行诱杀。

以蚜虫为主兼防其他害虫、螨类、黑果病，采用3%啶虫脒2500倍+20%红尔螨2000倍+1.5%噻霉酮600倍或0.3%苦参素1000倍+20%螨死净2000～3000倍液或70%艾美乐30000倍+20%红敖2000倍+18%金力士3000倍。以瘿螨为主兼治其他害虫，用20%哒螨灵1500倍+BT 1000倍+10%吡虫啉1500倍+代森锰锌600倍。以木虱为主兼治其他害虫，采用4.5%高氯菊酯1500倍+

1.8% 益梨克虱 3 000 倍 + 34% 速螨酮 2 000 倍 + 苗壮壮 1 200 倍，均可达到良好的防效，且持效期长。

此期红瘿蚊发生区，在 6 月中旬树冠喷施 30% 阿尔发特 2 500 ~ 3 000 倍，并结合土壤施毒死蜱、辛硫磷等药剂，要求施后及时灌水。

（四）秋果期（8—10 月）病虫害综合防治

此期主要病虫害有蚜虫、木虱、瘿螨、锈螨、黑果病。除黑果病，如果秋雨多，可能发病严重外，其他虫螨一般不可能暴发。在抓好 8—9 月的防治外，重点是抓好 10 月下旬的入蛰前防治。

夏果结束后，剪除冠下、树膛内的病虫残枝，摘除病果，清理枸杞园内田边、沟渠、路旁杂草及萌蘖苗，破坏害虫繁殖寄生场所。

采用 3% 啶虫脒 3 000 倍 + 1.8% 益梨克虱 3 000 倍 + 28% 速霸螨 2 500 倍 + 5% 多抗霉素 600 倍液进行喷雾。

此时红瘿蚊、食蝇如果仍有发生，可在 8 月中下旬结合树冠喷施 30% 阿尔发特 2 500 ~ 3 000 倍，土壤使用毒死蜱、辛硫磷颗粒剂等混土灌水封闭。一年内按照以上防治方案进行防治 3 次，一般红瘿蚊、实蝇三年内不可能再度大发生。

抓好 10 月下旬各种害虫害螨入蛰前防治。此时采果已结束，防治主要以化学防治为主，用 20% 双甲脒 1 500 倍液 + 48% 毒死蜱 1 000 倍液进行防治。

此外，应做好统防统治、控制病虫害交叉迁飞感染等工作。在枸杞主产区设立相应的喷防队伍，根据病虫害测报结果，按照防治对象、防治指标，针对某一时期主要病虫害发生的种类、虫态、轻重程度，兼顾次要病虫害，制订统一的防治方案。做到统一药剂、统一浓度、统一器械、统一人员、统一喷防时间进行联片集中防治。以起到减少喷药次数，防治病虫害由于零散防治易发生迁飞、感染，影响持效期，达到生产出优质安全可控的无公害枸杞产品的目的。

第五节　枸杞的采收、制干、分级、包装与保管

一、采收

（一）成熟度的判定

果实成熟分为青果期、色变期、成熟期 3 个阶段。

青果期：子房膨大到变色前需时 22 ~ 29d。

色变期：果实颜色从浓绿、淡绿、淡黄到黄红色的过程，此期需时较短 3 ~

5d，果实大小变化不太明显。

红熟期：果实内黄红至鲜红色，需时 1 ~ 3d。此期果实体积迅速膨大，气温高，变色快，体积增大快。适宜的采收期为果实色泽鲜红、果实表面光亮，质地变软富有弹性，果实空心度大，果肉增厚，果蒂松动，果实与果柄易分离时。

（二）采收间隔期

一般采摘初期，6 月气温比较缓和，间隔期 7 ~ 8d，采摘盛期正是盛夏季节，气温高，成熟快，间隔期 5 ~ 6d，采摘后期正值秋季，气温逐降，间隔期 8 ~ 12d。

（三）采收方法

枸杞是肉质浆果，容易捏烂，采果时要轻采、轻拿、轻放，果筐盛果不宜太多，一般 5 ~ 7kg 为宜，以免把下层果实压烂。

（四）采收注意事项

雨后或早晨露水未干时不宜马上采果，以免在制干过程中引起霉烂色变。

未到喷药安全间隔期不采，以免制干后农药残留超标，达不到安全质量标准。

不能用农药容器盛装鲜果，以免鲜果受农药二次污染，造成制干干果农药残留超标。

二、制干

（一）自然晾晒

晾晒场地和果栈准备，一般成龄期高产园每亩需晾晒场地 $60m^2$。晾晒场地要求地面平坦，空旷通风，卫生条件好。果栈一般用长 1.8 ~ 2m，宽 0.9 ~ 1.2m 的木框，中间用竹帘或笈笈帘用铁钉钉制而成，每亩 30 个左右。

脱蜡：用 2.5% ~ 3% 食碱液浸渍枸杞 15 ~ 20s 捞出闷放 15 ~ 30min 之后铺在果栈上，或用鲜果量 1‰ ~ 2‰的食碱粉拌匀鲜果，闷放 15 ~ 30min 铺在果栈上。

晾晒。将脱腊后的鲜果铺在果栈上，厚度 2 ~ 3cm，晾晒期间晚间无风或阴雨天，要及时把果栈起垛遮盖，以防雨水、露水湿润枸杞而霉变或变黑。

（二）人工制干

简易日光温室烘干。简易日光温室用钢管、竹竿、竹片为棚架，用高保温、长寿无滴膜为棚膜建成。

简易烘房烘干。简易烘房利用闲置房屋，内设两个火炉，及导热管、烟囱、排湿电扇即可，缺点是湿度上下不均匀。枸杞鲜果热风烘干生产现场如图 2 - 6

所示。

图 2 - 6 枸杞鲜果热风烘干生产现场

大型烘道烘干。

低温冷冻升华干燥，制干一次性成本大，制干质量高。

三、分级与包装

（一）分级

分级标准。根据国标《枸杞子》GB/T18672—2002 标准将枸杞果实分为四级：特优、特级、甲级和乙级。

分级方法。根据各级果实大小，用不同孔径的分果筛进行分级。果实中的油粒、杂质、霉变颗粒用人工捡选或色选机拣选。

（二）包装

果实经过去杂分级后，用纸箱、木箱包装，箱内先放防潮内衬，内包装材料应新鲜洁净，无异味，且不含对枸杞果实品质造成影响和污染的成分。

（三）保管

枸杞的保管涉及至生产出来以后到消费以前的整个过程。在保管期间如果水分达不到制干含水量（13% 以下），或包装袋打开，没有及时封口，包装物破损，很容易吸收空气中的水分，返潮、结果、褐变、生虫，要及时检查，采取相应的措施。

第三章
苦水玫瑰栽培技术

第一节　玫瑰及苦水玫瑰栽培现状

一、玫瑰栽培现状

根据国外资料介绍，在公元前 600 多年希腊最早栽种玫瑰，世界上著名的玫瑰园有美国的白宫玫瑰园、英国蓬黑尔玫瑰园、法国莱雷罗斯玫瑰园。其他如荷兰、意大利、西班牙、日本、泰国、挪威、印度、保加利亚、摩洛哥、土耳其等国也有大量玫瑰栽植，这些国家，有的是为了观赏和美化环境，有的是利用鲜花进行加工。世界上最有名的玫瑰油当属保加利亚生产的玫瑰油，由于栽培品种及蒸馏技术控制严格，使得其玫瑰油质量稳定，享誉国际。

我国是玫瑰的原产地，栽种玫瑰的历史悠长。早在汉代就有关于玫瑰的文字记载。我国玫瑰栽培范围较广，南起广东，北到辽宁，东起沿海地区，西到甘肃、新疆维吾尔自治区，都有种植，但大规模的生产地区不多。目前最主要的产区有：甘肃永登、四川眉山、山东平阴、北京妙峰山。

玫瑰是固原地区常见乡土树种，六盘山上有大量自然分布，人工栽培面积小，主要是为了观赏。

二、苦水玫瑰栽培现状

苦水玫瑰是我国四大玫瑰品系之一，为半重瓣小花玫瑰，属亚洲香型，具有生长茂盛、花色鲜艳、香气浓郁、肉厚味纯、产量及出油率高、精油质量好、抗逆性强等特点。因其发源地为甘肃省永登县苦水镇，故以其地名命名为苦水玫瑰。苦水镇以其特殊的地理环境、人文因素，加之源远流长的栽培历史及栽培管理技术，使苦水玫瑰不同于其他玫瑰种植区而享誉全国。苦水玫瑰是集观赏、油用、食用、药用及香料等多种用途于一身的特色品种。它不但是具有很高利用价值的经济作物，而且也是美化环境的优良小灌木树种之一。随着人们对天然芳香

植物的青睐和玫瑰多种用途的研究开发，人们十分看好苦水玫瑰的种植前景。苦水玫瑰盛花期如图3－1所示。

图3－1　苦水玫瑰盛花期

目前，在甘肃，苦水玫瑰栽植面积达5万亩，约占全国玫瑰种植面积的70％。年均产鲜花1 500多万kg，年均产精油200多kg，干花蕾3 000多吨，糖酱80kg，年产值可达9 000多万元。种植范围已由原来以苦水、中川为中心的两个基地发展到了树屏、红城、龙泉寺、柳树、秦川、上川、大同、城关、河桥等乡镇的许多地方。现有玫瑰油加工企业10家；花蕾烘干点20个，糖酱加工点3个，种植10～50亩的农户有42户，种植100亩以上的农户有5家，玫瑰专门管理和研究机构2个。苦水玫瑰已成为永登县的支柱产业，在农业结构调整中大显身手，为增加农民收入，促进农村经济的发展起到了重要作用。

固原引种苦水玫瑰始于70年代初，为了美化校园，彭堡中学引种苦水玫瑰200株获得成功。90年代初泾源县曾建成苦水玫瑰生产基地80亩，采集花蕾、制作精油均获得成功。2013年原州区林业技术部门经过考察论证，认为苦水玫瑰是一种很有发展潜力的经济林，其耐寒、耐旱、抗逆性强、花期晚的特点非常适合在原州区大面积发展，是发展特色经济林、调整农业产业结构、促进农村经济发展不可多得的树种之一。

第二节　苦水玫瑰的形态特征、生物学特征及品种选优

一、形态特征

20世纪70年代，经中国科学院植物研究所俞德浚教授鉴定，苦水玫瑰是中

国玫瑰和钝齿蔷薇的杂交种。系蔷薇科蔷薇属的落叶丛生灌木。植株由根、茎（枝条）、叶、花、果实等部分组成。苦水玫瑰花朵盛开状如图3－2所示。

图3－2　苦水玫瑰花朵盛开状

根。苦水玫瑰的根系比较发达，主根的周围生长着许多侧根和须根，交错分布在不同深浅的土层中。新根的表皮棕色。老根的表皮深褐色，木质坚硬，伸入土层比较深。

茎。苦水玫瑰的茎（枝条）直立丛生，发枝能力强。它一般高2m左右，最高可达3m，干粗壮，有细小的倒刺密生。株丛中部直立，外部干多枝梢下弯，呈弧形。分枝长而多。一个三年生干茎，侧枝多达30个以上。枝上密生刚毛，小枝红褐色。两年后渐变为灰褐色。

叶。苦水玫瑰为奇数羽状复叶，互生，小叶7～9枚，长1.5～2cm，宽0.7～1.2cm，椭圆形，边缘锯齿状，先端尖，表面光滑，背后有柔毛。

花和果实。苦水玫瑰的花多为3～7朵聚生于当年新枝上端，亦有单生，红色，半重瓣，香味浓，花冠直径4.5～6cm，小花型，单花重0.9g，通常有3层20个左右花瓣。它一般5月15～18日开花，6月中旬开始谢花，花期持续35d左右。花萼5片，披针形，长2.3cm，基部0.6cm。新采集的玫瑰花瓣如图3－3所示。

苦水玫瑰表面有细刺，里面有茸毛，花柄长1.5～2cm。雄蕊多数有明显的"瓣花"现象，柱头短而不突出，连合成直径3.5mm左右的头状居于雄蕊中间，非人工授粉一般都不结实，之间个别植株自然结果，果实扁球形，直径6～8mm，橘红色，内有8～12粒种子，鲜有茸毛保护。水肥条件好的秋季有开二次花的。

图3-3　新采集的玫瑰花瓣

二、生物学特征

由于长期适应永登地区干旱，冷凉等生态条件的结果，苦水玫瑰具有相当强的对不良环境条件的抗逆性。它耐寒抗旱，也比较耐瘠薄土壤和病虫害侵袭。

在永登地区自然海拔1 500m的谷地到2 600m左右的海拔地区，都能生长开花，能抵抗-30℃以下的严寒。

永登气候干燥，蒸发量高达2 000mm以上，在此干旱条件下，只要土壤不干水分适宜，它就能正常生长发育，由于温度变化剧烈，有时白杨发生干稍、破皮等冻害现象，而苦水玫瑰却安然无恙，可见它对温度变化的适应性比白杨强。

苦水玫瑰对土壤要求不严，比较松散的沙质土壤到比较黏重的红胶土（以红土为母质形成的一种土壤，颗粒细而黏，当地叫红胶土）都能生长，但最适宜的土壤层是土层厚一米以上，比较肥沃，土壤水分比较多而又排水良好，pH值为7.0～8.0的中性及微碱性土壤。

由于抗逆性和环境条件的关系，在永登县从未发现苦水玫瑰遭受比较严重的病虫害。

据观测，苦水玫瑰生长期对温度反应比较敏感，在日平均温度23℃左右时，生长发育最旺，当炎暑季节气温高达30℃以上时，生长显著减弱，八月份生长又上升，每年初夏和初秋出现两个生长高峰。

苦水玫瑰性喜阳，生长在阳光充足的地方，花开才能正常，若在背阴处或大树下半遮阴的地方，生长很弱，叶片发黄，开花少而花色淡，花产量低。

苦水玫瑰具有浅根性，主要根系分布在40cm的表土层中。在不同生长期对水分要求不同，发芽孕蕾期，需水较多，尤其5月份进入开花期水分需求量大，土壤要保持湿润状态。开花期如果土壤干旱，开花显著减少，甚至不开花，或延迟开花；当土壤水分临近焉萎系数时，即见花蕾萎缩。

生长快萌芽力强，是苦水玫瑰的又一特点。当年生萌条高可达2.0m以上。分蘖多，是茎蘖性灌木，幼苗栽后3~4年，便由于茎萌蘖十几个至二十个以上枝条，形成水平冠幅直径2m左右的株丛，从而进入盛花期。

苦水玫瑰一般每年开花一次，但近几年来发现有的植株一年开花两次，已持续五年。在比较粗放管理下，栽后4年一般单株产花2 000朵左右，鲜花重1.5kg以上，5~7年产花3.0~4.5kg，8~10年以后，花位上移，产花显著下降，需要进行老枝更新，更新后的株丛，盛花期水平冠幅直径可达3~4m，株产鲜花5.0kg以上。成片栽植的盛花期一般亩产鲜花300~350kg。

苦水玫瑰定植后，其根系生命力长达25~40年左右，管理的好，生长健壮的，50年的老根系还不衰老，所以，群众有"一年种玫瑰，四十年收花"之说。

三、品种选优

为了长期保持"苦水玫瑰"的品牌特性，必须进行品种选优。1983年至1987年，"永登县玫瑰研究所"在全面普查了"苦水玫瑰"后，从各地栽植区选取了一批保持原"苦水玫瑰"特征特性的植株，并就地挂牌观察记载。经过四年的对比试验，从中选出了生长良好，抗逆性强，稳定性好，产花量高，高抗病虫害的"苦水玫瑰"优良品系，经多年繁殖推广，比一般"苦水玫瑰"品种鲜花产量提高25%，受到群众称赞，该所从2014年开始又着手新一轮选优实验，如此循环，目的是为了防止"苦水玫瑰"的品种退化。

根据对苦水玫瑰鲜花加工多年的情况来看，即使采用常规蒸馏法，其平均得油率也为3.86‰，最高可达4.2‰，这在国内现有玫瑰中也是比较高的，若采用先进的萃取技术，得油率将会大幅提高。

目前，国内所有油用玫瑰中，苦水玫瑰的产量是比较高的。在一般管理条件下亩产鲜花350kg左右，最高可达500kg以上。

第三节　苦水玫瑰的价值

一、观赏价值

玫瑰花自古被人们所喜爱，它那绚丽的色彩，甜醇的气息使人陶醉。使其成为花卉家庭中的佼佼者。许多诗人和文学家写诗、作赋、绘画，赞赏玫瑰独特的美丽。如果把各种颜色的玫瑰花，与高低不同的品种相互搭配，然后依照布局的环境条件进行设计配置，并且和松柏等交织栽种在一起，这样的色彩协调使环境更加优美。目前我国的许多农村利用玫瑰来美化庭园、村道；一些大城市，也开始用玫瑰来装点公园、别墅及住宅。但要注意应小片、小块的丛栽比较合适，这样便于游人观赏、拍照和绘画，同时也便于修剪和管理。鲜艳的苦水玫瑰花朵如图 3-4 所示。

图 3-4 鲜艳的苦水玫瑰花朵

苦水玫瑰自五月份中旬开花到六月中下旬花谢，历时 35d 左右。为了满足人们的各种观赏需求，常采用以下几种方式进行开发利用。

（一）切花

玫瑰花开期间，清晨，把新鲜花朵带枝剪下，插在花瓶里，由于此时的花朵最鲜艳最美丽，并且香气很浓，能保持开花的时间长，花朵不会很快凋谢，其姿态幽雅，可用来美化香化家庭环境，或供会议室、办公室、教室、阅览室等陈设布置。插花时随着花瓶式样不同，插花的艺术也不一样。玫瑰花还可和不同的花卉同时插在一起，相互陪衬，显得更加美丽。

（二）盆栽

在花盆里种苦水玫瑰，照样能开放出许多美丽的鲜花，并且不受季节和时间的限制。利用阳台、窗台等广泛盆栽玫瑰，待花开时，可以任意搬放到所需的地方以供观赏。微风吹拂，香气满室，令人心旷神怡。盆栽玫瑰还可以作为商品取得较高的经济利益。具体栽植方法是：宜在春天或秋天，将壮实的幼苗进行适当的修剪，把衰老腐朽的根部和损伤折断的部分剔除，选择大小适宜的花盆，装入肥沃的培育土，定植后浇水，二至三年后换盆，最好在冬天进行。

（三）盆景

由于玫瑰属于木本花卉，可多年栽植，观赏寿命长、价值高，所以它不但可以地栽、盆栽，还可以通过修剪、锯截、攀扎等，制成造型别致的盆景，提高观赏价值。

二、生态作用

在国家实施西部大开发战略，大抓生态建设的过程中苦水玫瑰因其耐旱、耐寒、抗病虫等优点成为退耕还林的首选树种之一。近年来，它已被许多地方引种栽植。今后，在治理水土流失，再造一个山川秀美的大西北的运动中必将发挥越来越重要的作用。

目前苦水玫瑰还没发现任何病害，只有少量的蚜虫侵袭，少量使用高放低残留农药即可解决。因此，其产品没有超标的有毒成分残留。加之苦水玫瑰的栽植地区，没有排放污水及有毒气体的企业，所以，苦水玫瑰是真正的无公害产品和绿色食品。

三、苦水玫瑰的药理作用经济价值与用途

玫瑰鲜花及其产品均具有理气解郁、和血散瘀、延年益寿之功效，主治肝胃气痛、风痹血症、月经不调、带下、痢疾、乳痛、肿毒等病症。经过近年研究发现玫瑰鲜花还具有消炎、杀菌、预防癌症及老年冠心病和高血压的作用。国内外有许多商家已经研制开发出玫瑰口服液等保健医药产品。苦水玫瑰也有和其他玫瑰一样的药理作用，如可用苦水玫瑰制成精油。

苦水玫瑰的用途极为广泛。早在清朝末期，当地人就已开始家庭腌制玫瑰酱，用来制作糕点、农家月饼等。并且逐渐扩大到药用、茶用等。而今，苦水玫瑰已被广泛应用在工业生产的许多领域。

苦水玫瑰鲜花含挥发油0.03%~0.2%，玫瑰油的皂化值为10~17，酸值为0.5~3。主要成分有苯乙醇、香茅醇等多种醇类，还有脂肪油、没食子酸及β-胡萝卜素、色素等。用花提炼的玫瑰精油与黄金等价，俗称"金油"，是制造香水、脂粉、头油、香皂、浴液等日用化妆品不可缺少的名贵香料。另外，在香烟等产品中也被广泛应用。

玫瑰鲜花可入茶、入酒、入浴、糖腌、蜜酿，玫瑰花色素是香色一体的食用色素，安全性高，一般是从提取过玫瑰油的色水中分离出来。提取出的玫瑰花色素可作为添加剂加入到各种食品中，如饼干及糕卷中加入量0.5~0.8mg显深黄色，饮料中加0.1~0.3mg呈鲜艳的淡黄色。玫瑰鲜花在糕点、糖果、饮料等食

品工业中被大量使用，是提味佳品。

玫瑰的根、皮因含鞣质，可提栲胶，制取黄褐色染料，用于染绢丝等织品。

四、苦水玫瑰的历史文化及开发利用

（一）栽培历史

苦水玫瑰已有悠久的栽培历史。《甘肃通志》记载："玫瑰花出自兰州"，《永登县志》叙述：相传，清道光年间，苦水镇李窑沟（现下新沟村）有个叫王乃宪的读书人，进京赶考，返回途中从西安带来几株玫瑰苗，栽在院内观赏。由于玫瑰及适宜当地的土壤气候等环境，生长旺盛，枝多花繁，花香四溢、浓香四溢、浓香袭人，深为人们所喜爱，想栽的人越来越多，于是一传十、十传百，家家户户竞相栽培。他们采用分株法逐渐地繁殖开来。不过数年，各家房前屋后、厅堂院落，都栽满玫瑰。后发展到地埂、渠畔，以观赏为主。再后来则逐步扩大到了周边地区。因为这个品种最早是在苦水引种，又在以苦水为代表的地区内长期栽培，经过人们的不断选育，最终形成了地方品种，所以习惯上称其为苦水玫瑰。

（二）苦水地名的由来

"苦水"这个地名的来历，与生于当地的清初高僧、被人们誉为"疯癫和尚"、被康熙皇帝赐封为"渗金佛祖"的李佛（福）有关。据说李佛（福）修成正果以后，从空中俯视自己的家乡，发现地形极似人的一只眼睛，眼球内蕴藏着闪闪发光的晶体，于是就以"苦水"（当地人们对眼睛的俗称）命名。即祝愿家乡永远充满生机，又希望自己的目光永远关注这片土地。后人为了纪念他，就在境内传说是他出家修炼成佛的猪驮山塑造了巨型露天大佛。

（三）苦水玫瑰的开发利用

20世纪30年代初期，外地客商竞相来永登收购玫瑰花瓣，运往兰州、天水、西安、天津等地，用作酿酒、制糕点的佐料。当时，由天津酒厂用苦水玫瑰酿造的玫瑰露酒在巴拿马国际博览会上获得银质奖章。

新中国成立以后，苦水玫瑰得到了更加迅速的发展，1960年，甘肃省轻工研究所技术员顾笃怀和当地群众一起试验从玫瑰花中提取玫瑰油的工艺并获得成功。1975年，在当时的苦水公社建起了全省第一家玫瑰油厂，使这一科研成果得以在生产中运用，1975年还因此获得了省级科研成果奖。

苦水玫瑰的清油质量，经原轻工部香料工业研究所评香结果是：香气尚可、是玫瑰香气。四川日化研究所经过对多种玫瑰的试验研究得出结论：全国玫瑰产区以苦水玫瑰的农艺性状和经济性状为优，且精油含量高，玫瑰香气浓郁，可列为优良品种扩大生产。

1981 年永登县苦水玫瑰的鲜花及精油产量均居全国首位，县委、政府根据玫瑰发展的形势和需要，成立了"永登县玫瑰研究所"，这是全国第一家从事玫瑰研究的专门机构。其主要任务是：研究玫瑰栽培技术、引进玫瑰优良品种进行培育，开展玫瑰油、玫瑰糖酱、玫瑰浸膏等产品的深加工及玫瑰资源的综合开发利用技术的研究。

为了适应市场经济的发展，进一步规范玫瑰市场，加快苦水玫瑰产业化建设步伐，2003 年又成立了"永登县玫瑰产业管理办公室"，专门管理苦水玫瑰资源及其产地标记、证明商标的使用。

第四节　苦水玫瑰繁殖及栽培技术

一、苦水玫瑰生长的自然条件

据考证，苦水玫瑰种植始于清朝或汉朝。最初的玫瑰产于苦水镇下新沟村，后渐扩展至周边地区，苦水的地理特征和自然环境，决定了苦水玫瑰有别于其他玫瑰产区的优良品质。

二、气候

苦水玫瑰生长的适宜地区海拔为 1 500 ~ 2 100m，年平均气温 6.1℃，一月份平均气温 – 7.50℃，七月份平均气温 22℃，极端最高温度 35.51℃，极端最低温度 – 22.1℃。区内昼夜温差大，年平均气温日较差为 13.51℃，一年中气温平均日较差最大值为 14.61℃，出现在九月。年降水量 280mm 左右，各年降水变化较大，年际变率30%以上。不低于 0℃ 的活动积温 2 498 ~ 3 205℃，不低于 10℃ 的活动积温 1 766 ~ 2 638℃。年日照时数 1 744 ~ 2 659h，日照百分率60%，日照充足。太阳光辐射每平方厘米年辐射总量 4 546.4 ~ 5 432.4MJ/m²，生理辐射 2 186.8 ~ 2 666.2MJ/m²，光辐射比同纬度的济南、邯郸等地多。年平均相对湿度52%，无霜期150d 左右，绝对无霜期120d。

（一）土壤

境内风地貌为黄土丘陵沟壑区，丘陵相对高度一般为 50 ~ 100m，起伏不大，坡度较缓，表层为一至几十米的黄土所覆盖，以下是红土层，河谷两岸因侵蚀作用而露出岩石，土壤以次生黄土和灰钙土为主，多呈微碱性或中性，极适宜玫瑰生长。

（二）水源

庄浪河是境内主要河流，多年平均径流量为 1.85 亿 m^3，由西北向东南纵穿而过，创造了便利的灌溉条件。同时，号称"陇上都江堰"，又是西北地区目前最大的跨流域引水灌溉工程——"引大入秦"工程覆盖全境，每年从大通河引水 4.43 亿 m^3，为玫瑰的生长提供了更加充足的水源。

三、苦水玫瑰的繁殖方法

苦水玫瑰的繁植方法一般都采用无性繁植，目的是保持本品种的原有优点，且成活率高，生长快，效果好。常见的方法有分株、压条和扦插法 3 种。苦水玫瑰花开初期如图 3-5 所示。

图 3-5　苦水玫瑰花开初期

（一）分株繁殖法

分株繁殖法是在秋季落叶后或春季发芽前，把株丛周围 1～2 年生的萌条，带根从母体上剪下来分栽，其余保留。分株成活率高达百分之百，又能促使母体健壮。

（二）压条繁植法

压条繁植法习惯上是在春秋两季进行，多采取水平压条法。即在株丛旁边要压条的部位开深、宽各 10cm 左右的沟，沟底最好施些粪肥或磷肥，然后把一、两个或三、四个 1～2 年生健壮充实的枝条弯曲下来，分别平压沟内，露出枝梢头，埋土 8～10cm，踏实，使土壤和枝条紧密接触，以利抽芽生根。

近年来，由于苦水玫瑰苗木的紧张，为加速繁植，又采取了堆土压条法。即栽植后，当幼苗长出几个枝条时，在枝条基部堆上高20～30cm的松土，培成土丘，待枝条埋土部位生根后，将土扒开，切断带根的枝条，使成独立的植株分别栽植。另一种堆土压条法是在幼苗栽植后生长几个枝条的根基周围，先填厚15cm左右的松土，之后将枝条分别弯曲下来压在松土上，在堆土成大土丘。露出枝梢，待埋入枝条抽梢生根后，挖出来分栽，或把新生枝条再次压入土中，使生更多的幼苗。用此法繁植苦水玫瑰，大大提高了繁植系数，自栽植种苗起，两年时间，每株种苗可繁植百株左右幼苗。

（三）扦插繁植法

扦插繁植法是把玫瑰的枝条剪成适当长短的插条，插进苗床的培育土中或黄沙中，在适宜的环境条件下，不久插条生根发芽，长成一棵新苗。这种方法成本低，技术简单，很早就被人们广泛采用。扦插用的苗床，有室外露天的，也有室内保温的。苗床里必须是培养土。才有利于插条成活和幼苗生长。露天的插条要插进土中深一些，以利早日生根。苦水玫瑰移植苗如图3-6所示。扦插方法主要有以下两种。

图3-6 苦水玫瑰移植苗

硬枝扦插法：扦插是在玫瑰花丛落叶以后的休眠期间进行，也可以在早春萌动前进行。插条选择优良的品种，一二年生的健壮枝条，生长正常，没有病虫害。三年以上的老枝条成活率低。插条最好选择枝条的中段，因为枝条的顶梢组织疏松，没有木质化，扦插后不易成活。插条可以利用当年开过花的枝条，先把残花清理掉，经过二三天后，在新芽没有萌发前，把枝条剪断立即进行扦插，因为这时枝条中贮藏很多的养料，所以，成活率比较高。剪取插条的时间以晴天为好，切忌在雨天。插条长15～20cm，保留2～3个饱满的芽，插条的顶部剪成平口，剪口在芽的上方保留 0.5~1cm 长的枝桩，防止枝条干枯影响发芽，插条的下端剪成斜口。插条剪好后立即进行扦插，防止水分蒸发。扦插时把剪断的插条垂直或倾斜在已准备好的苗床上，插进土中深 8~10cm。早春气温逐渐变暖，插进土中可以适当浅些，深了容易烂根；秋天和冬天天气渐冷，扦插酌量深些，以防止冻伤。扦插时株距约 5cm，行距约 6cm。如果是露天苗床，适当盖些碎草，做好防寒工作。

嫩枝扦插法：嫩枝扦插在 6 月下旬到 9 月间都可以进行，这段时间气温适宜，当年生玫瑰枝条都已逐渐半木质化，营养丰富，生长健壮，容易成活。在夏季玫瑰嫩梢停止生长约一个星期后，选择当年生健壮枝条，剪成约 10cm 长度，上端平剪，下端剪斜口。以后把插条垂直插入准备好的苗床中，插进土中深 3~4cm，株距 5cm，行距 6cm。

为了插条早日成活，可以把它浸在生长调节剂溶液中，促使生根发芽。常用的几种生长调节剂如下。

吲哚丁酸简称 IBA，它是一种比较好的生长素，有促进玫瑰形成层进行分裂的作用。使用方法：容易生根的玫瑰品种，浓度是 5~20mg/L，浸泡时间是 24h。难生根的玫瑰，浓度用 100~200mg/L，浸泡时间是 1~2h。

维生素 B_9 把插条浸在维生素 B_9 浓度为 2 500~5 000mg/L 的溶液中 15s，有促进玫瑰枝条生根的作用。

萘乙酸简称 NAA，它有微毒，浓度过高对玫瑰的生长不利。把玫瑰插条浸泡在 100mg/L 的溶液中 12~24h，效果好。

插条成活后，多数是节芽处先产生不定根，所以剪插条的时候，最好在叶片的节芽下面约 2cm 的地方比较适宜。因为这部分的形成层很活跃，养料积累比较多，容易长出幼根。还有节上的叶痕和皮孔等部位都会生长出不定根，所以玫瑰插条的下端如果有节芽，就容易成活生根。

另外科研人员利用嫁接法以蔷薇做砧木进行苦水玫瑰嫁接繁植试验已获得成功。

不论哪一种繁植，都必须保持土壤湿润，否则很难生根，成活率就低。

四、苦水玫瑰的栽培技术

根据本地生态条件和苦水玫瑰的生物学特征，群众总结出了许多栽培要点，如：水要狠灌，地要深翻；苗木宜嫩，移栽适时；用肥得当，勤锄细耕；余条当剪，老枝要砍。永登县玫瑰研究所的技术人员，在多年试验栽植过程中总结了一套较完整的露地丰产栽植和温室栽培技术。

（一）苦水玫瑰露地丰产栽植技术要点

选择栽培地：要想使玫瑰成活率高，生长发育好，无论零星种植或建立玫瑰园，都必须选择好栽植地点，如河谷、盆地、山坳和背风向阳的山坡下部等地，是最适宜玫瑰生长的地方。

整地：苦水玫瑰根系主要分布在40cm的土层内，栽培地的翻耕深度亦应达40cm，才能使玫瑰根深叶茂、开花繁多。苦水玫瑰的生活周期一般40年左右，在一个生活周期内不能再进行深翻土地，所以，在栽植玫瑰时，于夏季深翻一次，秋季浅翻一次，秋末或翌年春季栽植比较合适。如果零星栽植，亦应在夏季进行深、宽各40cm的穴状整地，使土壤暴晒和充分熟化。

选苗：栽植玫瑰时对苗木质量要进行选择，以保证定植后成活多，生长好。苦水玫瑰苗的出圃标准是：根据部位苗茎0.5cm以上，有长10cm以上的根2～3条和2～3个长12cm以上的分枝。对于苗木上患有病虫害的部位以及受损伤和过于长大的根应修剪；对于有病虫感染或菌、卵块的苗木应烧毁；对于枝茎过高部分，不充实的枝应剪除。从外地购进玫瑰苗，通常采用石灰硫磺合剂（4～5℃，浸根10～20min，浸后用清水冲洗），用波尔多液（浓度1∶1∶100，浸10～20min，浸后冲洗）等消毒。

定植：苦水玫瑰栽植的最佳时间是秋季玫瑰开始落叶之后，因为秋季地温较高，有利于根部愈合，并可长出一些新根，而地上部分已接近休眠状态，不需要多少水分和养分。在中等肥力的地块内，栽植密度一般是成片栽植的株距为1.5m，行距2.8m，每亩150株；零星的单行栽植，株距为1.5～2m。肥力高，生长旺，株型高大，栽植密度宜小，株行距以2m×2.8m，每亩120株为宜；肥力低，生长弱，植株矮小，株行距以1.5m×2.5m，每亩180株为宜。一般砂质土宜深栽，黏质土要浅栽；干旱地宜深栽，低湿地要浅栽；风多处宜深栽，风少处宜浅栽。

管理：玫瑰定植后，必须坚持"三分栽，七分管"，认真做好田间管理，主要抓好以下环节。

水肥管理——栽前在挖好的穴内施入磷肥、油渣各0.5kg，农家肥15kg和土拌匀。栽后第一次水务必浇透，待地不沾脚时要及时松土，在苗基部封土，使成高15cm左右的土丘。成片定植的，第一、第二年可在行间播种二三行豆类作物。第一年的水很关键，一般要灌水5次以上，以保证苗木成活率提高，到后半年立秋前结合灌水亩施饼肥100kg，并用土完全覆盖。

苗体管理——定植前没有进行修剪的可适当修剪。春、冬季经常干旱多风，

定植后距地表 20~30cm 处剪除苗干。

成活率检查与补植——由于人为的损伤，栽植粗放，或苗木质量低而造成的死亡，一般当年或次年用同龄苗木及时补植，以保全苗。

培土——春季解冻后萌蘖前或秋季落叶后，在植株周围培厚 10cm 左右的新土。在每年开花前或者秋后，亩施腐熟的鸡粪或猪粪 200kg、草木灰 100kg、油渣 100kg（混合均匀后穴施）。

灌溉和松土——在年降水量不足 500mm 的地区栽培苦水玫瑰必须灌溉。灌水时间一般在入冬后、开花前孕蕾期和开花前后必须各灌水一次。如遇春旱或伏旱，临近开花时和"三伏"前后仍需各灌一次水。每次灌水都要灌足、浇透，并要及时松土除草保墒。

修剪和更新。目前苦水玫瑰修剪技术主要是剪掉枯枝、老枝、病虫枝、纤弱枝、并枝、铺地枝，剪短徒长枝和疏剪部分过密枝条与萌蘖条，要求施以正确的整形修剪技术。更新一般在定植后 5 年左右进行，常用的方法有全株更新和老枝更新两种，前者是把衰老的植株贴地面将全部枝条砍除；后者是只砍掉株丛中衰老的枝条，其余枝条保留，待衰老时再砍。更新时间以开花后为好。

防治病虫害——苦水玫瑰近年病虫发生主要有：灰霉病、红蜘蛛、蚜虫。用低残农药或生物防治即可起到防治效果。

采花——苦水玫瑰花从展瓣到落瓣一般历时 3~4d。试验证明，每天早晨花朵半开放期采摘的含油量最高，收花后及时加工的比堆放一天后加工的得油率高。

（二）苦水玫瑰温室栽植技术要点

整地——在日光温室里将土地深翻 40cm，耙碎、整平，按照 100cm×50cm 的行株距挖好栽培穴，穴深 40cm，直径 30cm，将油饼肥、磷肥、农家肥按 1：2：20 的比例充分拌匀混合后，每穴施入 11.5kg，留待玫瑰栽植。

选苗——选择健壮、无损伤、根系发达的幼苗，其外部特征是苗高 50cm，地径 1cm 以上，有 3~5 条长 8cm 左右的根，同时将顶部嫩芽剪去 1/3。

栽植——将选好的幼苗，置入挖好的栽植穴内，填土压实，稍部露出地面 15cm 左右，然后浇透第一次水。

管理——幼苗栽种后即灌第一次水。待来年 3—4 月新芽长出 10~15cm 高时，在基部培 5~8cm 厚的细土；到 6—7 月，新芽长出 50cm 高时，结合灌水，适量施入有机肥（亩用量 200kg）。期间适时除草。玫瑰幼苗在当年栽培后要将棚内的温度控制在 20~26℃，如温度过高时，应及时通风以降温。夏季温度较快，可将棚及时揭开，秋季休眠至年底，及时盖上大棚。这样栽植的玫瑰，可在来年的 12 月开花。

（三）苦水玫瑰栽培注意事项

定植时要选用没有或有轻度农残的地块；前两年可在行间适度套种一些其他农作物，但禁止施用化肥和农药；两年后杜绝套种。

苦水玫瑰生长所需肥料必须是有机肥料，杜绝施用化肥。

加强除草等田间管理，消除病虫寄生场所；同时在对周围农作物喷施农药时，禁止污染玫瑰。

第五节　苦水玫瑰的采收与加工

一、苦水玫瑰的采收

苦水玫瑰的采收根据用途的不同可分为鲜花采收和花蕾采收。

（一）鲜花采收

玫瑰鲜花的采收标准：花萼张开，花苞刚露红，顶部略微张开。收花时期，如果天气晴朗，气温较高，花苞就会完全开放。试验证明，每日清晨 6～10 时采收的玫瑰鲜花颜色好、香气浓、花较重、含油率最高；而到 12 时以后的花含油量会降低 20%～30%。下午 5 点左右的出油降低 50%～60%。花朵的不同开放程度含油量也不同，以盛花期含油量为最高。花的雄蕊颜色鲜黄时为最好，如果雄蕊变为褐色，则花朵的香气差、含油率低。因此，天气晴朗，气温较高时，要抓紧采收，不让鲜花开足或花瓣摊平变色，以免影响质量和出油率。

采收后的鲜花立即送往加工贮存。运输过程以花篮、纤维袋、麻袋为好，但不能压实，装载和运输的时间不能太久，否则花瓣容易发热腐烂。当日来不及加工的玫瑰鲜花，可以腌制贮存，根据永登县玫瑰研究所 20 世纪 80 年代大量贮存的经验，可将玫瑰鲜花加入 15% 的食盐充分搅拌。摊铺在平整不渗水的腌花池内，并喷洒水分，使鲜花充分潮湿，并用重物压实，以避免水分和香气流失。通过这样加工腌制的鲜花，贮存时间最长可达 30d 左右。根据不同用途可分别用酒精、食盐、明矾、食糖来腌制。

（二）花蕾采收

在永登苦水地区，鲜花开放的时期为 5 月 15 日左右，而花蕾的采收则比鲜花采收要提前一、两天时间。具体采摘时间以清晨为最佳。采摘的标准为：花苞

刚露红，已充分膨大但尚未开放的开蕾。进入盛花期，花蕾长势旺盛，除早晨采摘外，需在下午 4~5 时再采摘一遍；如采收不及时，在天气晴朗，气温较高的条件下，第二天就会完全开放，但如果采摘还没有充分膨大的花蕾，则品质下降，产量也随之下降。

采摘后的花蕾要及时放在通风、透气的地方，或平摊在太阳下晾晒，如果堆积时间过长，很容易发热、霉烂变质。变质后的花蕾与正常的花蕾在品质上有很大的差异，花瓣的颜色变黄，很容易脱落，而玫瑰特有的香气基本消失。

二、干花蕾的加工

通常采用晾晒的办法来加工花蕾，近几年，人们开始用烘干法来加工生产。经烘干后的干花蕾与晾晒的干花蕾相比较，烘干法加工的干花蕾色泽均匀一致，香气浓郁，虫蛀现象较少，贮存时间较长。因此，采用烘干法加工的干花蕾将是以后的发展方向。玫瑰花蕾晾晒如图 3-7 所示。

图 3-7 玫瑰花蕾晾晒

苦水玫瑰五月中旬始花期，在花萼展开，露出鲜红"笔头"时采摘下来，经自然晒干或烘干后装箱。其操作规程如下。

（一）晒

将摘回的"笔头"花蕾装入铁筛子或竹筛子内摊薄，然后放在太阳光下晾晒，自然干燥，期间不能随意搅动。

（二）烘

把定量花蕾置入烘干箱内，温度调至 80℃左右，期间进行必要的通风，8h之后取出烘干的花蕾晾数小时后装箱。

三、玫瑰糖酱的加工

采摘回来的鲜花，可摊放在阴凉、通风的地方，以防止发热霉烂。除去花萼和花托，将纯净的花瓣加糖细心搓揉，每千克鲜花加糖1kg，搓揉至糖汁流出后立即入缸或其他容器中，使其发酵，经1~2个月，即可作为糕点、月饼等食物的加工调味料。

四、鲜花的加工利用

（一）提取玫瑰油

长期以来，玫瑰油的主要加工方法为水汽蒸馏法：即将玫瑰花装入蒸馏器中，加入一定比例的水分加热蒸馏，使鲜花中所含油分随水蒸气蒸发，然后再通过冷却，使油水分离，从而得到玫瑰油。根据试验，玫瑰研究所采用不锈钢蒸馏器加工，一般出油率为3.6‰，最高可达4.2‰。目前，永登地区普遍采用这种方法加工玫瑰油。据报道，玫瑰油的另一种加工方法为浸提法，即将玫瑰花浸泡于有机溶剂中加温浸提，然后回收溶剂即可得到玫瑰浸膏。玫瑰浸膏用其他有机溶剂萃取可进一步制得玫瑰油。浸提法生产玫瑰浸膏和玫瑰油一般需要使用大量的有机溶剂，故生产成本较高。将玫瑰花与水按1∶4的比例投入蒸锅内，先用间接蒸气加热，温度上升到70~80℃时，通入直接蒸气加热到沸腾，约用30~45min，继续蒸馏2.5~4h，蒸馏速度为蒸馏容积的8%~10%，控制冷却水量，使馏出液温度为28~35℃，一般不超过40℃。蒸出液经油水分离器收集倾出油。分出的蒸溜水进行复溜，蒸出1/4，通过油水分离器得到复溜油，倾出油与复溜油混合，静置数日，即为玫瑰油产品。复溜时分出的复溜水再加入复溜锅内进行复溜，锅内复溜水用以重新浸花，应如此循环不已。

工艺流程如下：

原料→蒸馏→冷却→油水分离→玫瑰油

　　　　↓　　　　↓

　　　残渣　　蒸馏出水

（二）制作玫瑰露酒、玫瑰药品、玫瑰花粉等

第 四 章
杏栽培技术

第一节　杏树优良品种

一、杏的价值

杏是我国重要的栽培果树之一，分布普遍，长期以来在果树生产中占有相当的比重，对开发山区、沙荒薄地，改善人民生活，增加经济收益等方面有着重要的作用。

杏果实成熟早，是夏季上市较早的果品之一，丰富了鲜果市场。杏的果实鲜艳，果肉多汁，风味酸甜，营养丰富。据分析，每 100g 果肉含糖 10g，蛋白质 0.9g，胡萝卜素 1.79g，硫胺素 0.02mg，核黄素 0.03mg，尼克酸 0.6mg，维生素 C 7～12mg。

杏具有一定的医疗保健作用，其根、枝、叶、花均可入药。杏果实含有多种维生素和氨基酸，具有抗衰老作用。特别是在杏仁和杏肉中含有较多的维生素，具有防癌作用。据推测报道，位于南太平洋的岛国斐济居民多食杏干，该地很少有癌症发生。苦、甜仁有微毒，可以止咳定喘，润肺祛痰，清泻消食积，对治疗慢性气管炎、神经衰弱等病亦有疗效。

杏果除鲜食外，还可加工成杏干、杏脯、杏汁、杏酱及罐头等食品。北京、山东、新疆的杏脯、杏干，在国内外一直畅销，久享盛名。甜杏仁香甜可口，既可生食，又可熟食。

二、主要优良品种

适合宁夏栽培的鲜食杏主要品种有：红梅杏、三原曹杏、凯特杏、金太阳杏、兰州金妈妈杏、串枝红杏等，以红梅杏品质为最好。

（一）红梅杏

红梅杏（图4-1）又名新疆杏，用途广，经济价值高。杏个头不大、味道甜、色泽好、品种纯、存放时间长、不易变味，营养丰富，含有多种有机成分和人体所必需的维生素及无机盐类，是一种营养价值较高的水果。花蕾红色，圆球状，花瓣从顶端到基部由白渐渐变红，花香浓郁。果实未熟透时，其色半红半绿。能被阳光直射一面为红色，不能被直射的为绿色或浅黄色。其形圆如小球，略小于乒乓球，其面光滑、细腻。食之脆、嫩、甜中带酸，最为可口之处，是可尝到一种有别于其他杏子的特殊香味，浓郁非常。熟透的红梅杏，其色半红半黄，果实晶莹剔透，圆润饱满，食之甘甜，满口留香。色、香、味俱全。红梅杏核仁饱满，稍圆。食之甜中带麻，是为上等硬果。杏仁的营养丰富，有良好的医疗效用。其树皮紫红，树主干多光滑无刺，稍有疤。其木材密度高，硬度强，是制作木质器具的上好木材。

图 4 – 1　红梅杏

（二）三原曹杏

三原曹杏产于陕西三原县。果实圆形，果顶平，微凹，花柱残存，缝合线明显且深，两侧杏肉对称。平均单果重 80g 左右。果皮底色为黄色，阳面红晕；果肉橙黄色，柔软多汁，味甜，品质极上乘；离核，甜仁。果实发育期 70d 左右，6 月上旬成熟。该品种丰产。为著名的鲜食杏，亦可加工成杏制品。

（三）凯特杏

凯特杏引自美国。平均单果重 105g，最大果重 130g，桔黄色，肉质细，该品种栽后第二年见果，第四年进入丰产期，平均亩产可达 3 000kg 以上。该品种适应性极强，从北纬 23～45°区域内均可栽植，抗盐碱、晚霜、耐低温。

（四）金太阳杏

金太阳杏果实圆形，平均单果重 66.9g，最大 90g。果顶平，缝合线浅不明

显，两侧对称；果面光亮，底色金黄色，阳面着红晕，外观美丽。果肉橙黄色，味甜微酸可食率 95%，离核。肉质鲜嫩，汁液较多，有香气，可溶性固形物 13.5%，甜酸爽口，5 月下旬成熟，花期耐低温，极丰产。

（五）金妈妈杏

金妈妈杏为兰州农家品种。果实近圆形，果顶圆，梗洼深而广，缝合线明显而且浅，两侧杏肉对称。果皮底色橙黄，阳面有鲜红晕，并有深红色斑点；果肉橙黄色，肉质细软，味甜多汁，可溶性固形物含量 14.2%。平均单果重 46.3g，最大达 60g。半离核，甜仁。果实 6 月下旬成熟，发育期 80d 左右。该品种外观美，适应性强，极丰产，为优良的鲜食杏，也可用于加工制成杏脯。

（六）串枝红杏

串枝红杏产于河北省巨鹿、广宗等地。果实圆形，果顶一侧凸起，稍斜，缝合线明显且深，两侧杏肉不对称；平均果重 52.5g，最大达 70g；果面底色橙黄，阳面紫红晕；果肉桔黄色，肉质细密，汁液中多，味酸甜，品质上乘，含可溶性固形物 11.4%；离核，苦仁。果实发育期 80d 左右，果实 6 月底至 7 月初成熟。该品种适应性很强，极丰产，果实加工性能好，适于制糖水罐头和杏脯，为优良的中晚熟加工杏。

适合宁夏栽培的仁用杏品种有：龙王帽、优一、一窝蜂、白玉扁、国仁、油仁、丰仁等品种，目前主栽品种以龙王帽、优一、一窝蜂为主。

龙王帽：果形长圆形略扁，果个大小较匀。单果重 15.8~17.4g，鲜核单核重 2.06~2.64g。果实充分成熟后离核，裂果。果实表面茸毛较密，果皮黄色并着少许粉红色晕。果肉黄色汁少，肉薄，纤维多，食用口味不佳。果核纵径 2.2~3.1cm，横径 1.4~2.4cm，侧径 0.7~1cm。单核果仁重量 0.68~0.76g。果仁表皮乳黄色，果仁白色。杏核出仁率 28.9%~31%。

优一：果实圆球形，单果重 9.6g，离核。平均单果重 1.7g，出核率 17.9%，核壳薄。单仁平均重 0.75g，出仁率 43.8%，杏仁长圆形，味香甜。叶柄紫红色，花瓣粉红色，花型较小。花期和果实成熟期比龙王帽迟 2~3d，花期可短期耐受 -6℃ 的低温，丰产性好，有大小年结果现象。

一窝蜂：又名次扁、小龙王帽。果实卵圆形，比龙王帽稍鼓，单果重 8.5~11g，最大 15g，果皮成熟时沿缝合线开裂，离核。单核重 1.6~1.9g，出核率 18.5%~20.5%，仁重 0.52~0.62g，出仁率 38.2%，仁肉乳白色，味香甜，极丰产，但不抗晚霜。

第二节　杏树的苗木培育

培育杏树苗木，必须建立苗圃。为了克服外调苗品种混杂的诸多弊端，应根据规划用苗量和市场需要，因地制宜的确定育苗面积。要建立采穗圃，以确保杏品种的纯度。要落实田间管理措施，抓好防虫治病工作。采取科学有效的方法，不断提高管理水平，培育纯正健壮的苗木。

一、苗圃地的选择与建立

苗圃地应建在交通便利、管理方便、背风向阳、排灌具备的平地或缓坡地，土层深厚，pH 值为 8.5 左右的沙壤土或壤土，忌选核果类重茬地及前茬葵花、玉米、洋芋及沙漏地。

国有苗圃和乡镇苗圃条件较好，可建立永久性骨干苗圃，村组及农户在业务部门的指导下，可以建立临时性繁殖苗圃。育苗要结合区划设置采穗圃、防护林、排灌渠道、作业道及作业用房等辅助设施。

为确保杏品种的纯度，应当建立采穗圃。选择纯正的品种杏健壮苗木，按照 1m×0.5m 的株行距建园，树体培养方向以采集穗条为主，在整形修剪上与产果树不同。如无采穗圃，应当筛选采树母树，从采种母树上采集穗条，采种母树选优后要进行标记，以防混杂。

二、实生苗的培育

培育优良接杏苗木首先要培育实生苗，实生苗培育要从以下几方面入手。

（一）种子的采集与调制

选择优良母树。培育杏树实生苗要选用适应性强的山杏，注意选择树龄适中、生长健壮、无病虫害的丰产、稳产、品质优良的母树进行采种。

适时采收种子。山杏的成熟期一般为 6 月下旬至 7 月中旬，当果实由绿色变成橙黄色或红色，果肉变软，有香味，核壳褐色坚硬，种子乳白色饱满即可采收。

制种。山杏果肉具有较高利用价值。可人工剥取种子，亦可结合加工过程取种，但必须在常温下进行，避免 45℃ 以上温度处理。种子从果实中取出后进行水洗，然后晾干。要避免高温暴晒，以免失水过快导致发芽率降低。

种子贮藏。山杏种子经充分阴干（含水量 15% 左右）后在常温下进行贮藏，注意通风和防治鼠害。

（二）整地与播种

播种前深耕（25cm 以上）苗圃地，结合深耕每亩沟施腐熟的有机肥 3 ~ 5 吨，有地下害虫和立枯病的地方，每亩加施辛硫磷和硫酸亚铁各 2kg，与细土拌匀后撒施。耙糖平整后作畦。

干旱地区最好在 10 月下旬至 11 月上旬进行秋播，秋播时种子不需处理，省工出苗整齐。春播在土壤解冻后进行，需在冬季提前沙藏种子，在播种前应当浇足底水。培育嫁接苗时，采用"宽窄行"开沟点播。宽行 60cm，窄行 30cm，每畦 4 行，覆土深度 5cm，每亩下种量 35kg，每亩留苗量 12 000 ~ 14 000 株。

（三）实生苗的管理

间苗、补苗。当幼苗长到 3 ~ 5 片真叶时，5 月上旬对过密的和双苗进行间苗，疏除病、弱、残苗，结合间苗，对缺苗区在傍晚或阴雨天带土移栽补苗并及时浇水。

定苗。当幼苗长到 10cm 时定苗。培育嫁接苗，株距 10 ~ 12cm，每亩留苗量为 12 000 ~ 14 000 株。

追肥。定苗后（约 5 月下旬至 6 月上旬）每亩开沟追施尿素或专用复合肥 15 ~ 20kg。7 月停止追肥。8 月下旬叶面喷 0.3% 磷酸二氢钾。

浇水、中耕。追肥时一定要灌水，土壤墒情差时也要及时灌水，适时松土除草，一年 3 ~ 6 次。

断根处理。5 月下旬至 6 月上旬结合追肥灌水用铁锹斜铲幼苗主根（留 15cm 切断），促其分生侧根。

摘心促壮。6 月下旬，当苗木长到 30 ~ 40cm 时摘心，促进苗木加粗生长，7 月上旬，抹去苗木基部 10cm 内的枝叶，便于嫁接。

防治病虫害。幼苗期发生立枯病时，用 10% 硫酸亚铁灌根，生长季节发生蚜虫时，喷灭扫利 2 000 ~ 3 000 倍液或氧化乐果 1 500 倍液，地下发生蛴螬等害虫时，用 500 ~ 800 倍液敌百虫灌根。

三、嫁接苗的培育

（一）接穗的选择、采集和贮运

为了保证苗木纯正，应从采穗圃或良种母树上采集接穗。采种母树必须具备品种纯正、丰产、优质的性状，且生长健壮无病虫害。夏季芽接的接穗要选择生长健壮的当年新枝。要随采随接，采下的接穗要立即除去叶片，用湿毛巾包好放在盛水的桶中备用，若一时用不完，则可摊放在铺河沙的地窖中，每天洒水一次，最多可存放 7 ~ 10d。春季枝接或芽接的接穗可结合冬季修剪采集，采下的枝条打捆存放于潮湿、冷凉、温度变化小且能通气的山洞或地窖中，温度控制在5℃以下，打捆接穗基部插入湿沙5cm，注意保湿和通风。接穗需要外运时，应附上标签，并用塑料薄膜、麻袋等保湿材料包装，以保持水分，运到后立即开包将接穗用湿沙埋于阴凉处。若硬枝调运量大，需将整块薄膜铺入车箱内，装满接穗后加覆麦（稻）草浇水，最后用薄膜包裹严实，外加蓬布及时运输，路途时间最长不超过7d。

（二）嫁接时间及方法

在苗圃地嫁接红梅杏（图4-2）有两种方法成活率最高，一是带本质嵌芽接，二是采用切接、劈接等枝接法。

图4-2 杏树嫁接

带木嵌芽接。春季可在3月下旬至接穗萌芽前进行，秋季在7月中旬至8月上旬进行。具体方法是：对粗度达到0.5cm以上砧木，在距地面10cm处接刀向下削一刀长2~3cm的削口，深达木质部1/3处，在切下部位1cm左右处呈30°角向下斜切至第一刀的底部，取出切下的部分；然后切取接芽，在接穗饱满芽的上方0.5~0.8cm处向下斜削一刀1.8~1.9cm，深达木质部1/3处（不超过0.2cm为宜），再在切离的部位芽位下呈30°斜向下切深至第一刀处，取出带木质芽片，芽片应比砧木切口稍小一点。最后将芽片插贴到砧木切口上，使其与下切口形成层对齐，上端稍露白，立即用塑料带绑严扎实。夏季砧木形成层易剥离时，可将木质芽片直接插入砧木"T"形口的形成层内，砧木不必切取缺口，秋季芽接绑接缚时，可将整个节体全部绑缚严实，开春萌发前再将芽体露出以利萌发。

切接与劈接。这是枝接的两种方法，当砧木粗度远大于接穗时采用切接法，具体方法是：把砧木从距地面 8cm 左右光滑处剪断。选择干净未失水的一年生硬枝，剪取长 5～8cm，顶端具 1～2 个饱满芽的枝段，先将接穗下部与顶端芽子的同侧，削一个长约 3cm 左右的平削面，再在平削面的对侧削长 1cm 以内的马耳形小斜面，削面要光滑。然后在砧木断面靠边与接穗长切面一样宽的地方向下切一长 4cm 的垂直切接口，把削好的接穗长切面靠内相对，轻轻插入砧木切口中，接穗基部伤面略高于砧木断面（一般留 3～5mm）露白，务必使接穗和砧木处的形成层至少对齐一面，最后用塑料带捆绑。当接穗粗细度接近砧木粗度时用劈接法，具体方法是：和切接法一样剪断砧木。剪取接穗后，在接穗下部两侧各削切长 3cm 的平滑斜伤面，用枝接刀从砧木断面中部向下纵劈深 4～5cm 的劈接口，将接穗厚面向外，薄面向内慢慢沿砧木一边插入劈接口，接穗伤面顶部稍露白 1～3mm，对齐形成层，用塑料带绑缚。

（三）嫁接苗的管理

成活检查、补接解绑。芽接后 10d 左右，接芽芽片皮色新鲜、叶柄变黄一碰即落表明已接活，否则，芽接未活，应及时补接。

秋季芽接苗成活后，在第二年春季萌芽前要解除绑缚，春季嫁接苗成活后，当新梢旺长至 30cm 左右时，用利刀将绑缚物割掉。

埋土越冬剪砧除萌。秋季芽接成活未萌芽的半成品苗在土壤封冻前，可将砧木从距接芽 5cm 处剪断顶梢，然后灌水，沿树行培垄土越冬。第二年待接穗萌发后在距接芽上 5cm 处向接芽相反方向倾斜 20° 剪去砧木残桩。枝接苗也要及时剪除砧木上萌芽，接穗上萌发抽生的枝条，选留一个旺枝，其余从基部剪掉。

苗木出圃嫁接后定植。为了抢抓农时，可将砧木苗起出假植，在室内嫁接好后及时定植。

四、苗木出圃

苗木出圃是苗木培育的最后一道环节，出圃前应做好下列各项准备工作。

调查核对苗木品种、等级、数量，并根据用苗量的需求，制订出圃计划及操作规程。

与用苗户及运输人密切联系，做到起苗、假植、包装、运输、栽培各个环节紧密衔接，确保苗木新鲜不失水，为提高苗木成活率打好基础。

为方便起苗和少伤根系，起苗前如土壤干燥必须进行灌水。

起苗与分级。秋季苗木顶芽形成至土壤封冻前，春季土壤解冻至苗木萌芽前均可起苗，起苗一般用圆头铁锹挖掘，起苗要求深度 25cm 以上，尽量少伤根，防止造成损伤。

第三节　杏树建园

一、园地规划

营造防护林：单行或多行均可，但防护林至少与杏树保持15m的距离，以免影响光照。

划分小区：大面积建园为便于管理，要划分生产小区，小区以长方形为好，面积大小根据实际情况确定。

施工设计：建园施工设计以施工地块或以小区为单位进行。

二、开挖栽植穴

开挖深60cm，直径60cm的定植穴，将表土和底土分放，将表土与肥料（农家肥20～50kg、磷肥1kg）混合后回填30cm。

三、栽植

时间：春季3月下旬至4月中旬；秋季落叶后至封冻前。

密度。旱地：株距2～3m，行距3～4m，每亩56～111株；水浇地：株距1.5～3，行距3～4m，每亩56～148株。

授粉树比例10%～25%。

栽植：选用Ⅰ级、Ⅱ级苗木定植，采用"一提二踏三填土"方式栽植。注意使嫁接口露出地面并背向迎风面。黄土丘陵区旱塬红梅杏如图4－3所示。

栽后管理：栽后立即定干，旱地定干高度60cm，水地定干高度70cm，剪口下保留5个饱满芽。采用缠地膜、喷涂保水剂或埋土等方法护干。

四、土、肥、水管理

幼树期间可以间作，间作农作物主要有：瓜菜、豆类、药材、薯类，禁止间作高秆作物。

（一）土壤管理

深翻扩穴：一般秋季进行，沿树冠外开挖深60cm，宽60cm的环状沟，结合施基肥，灌冬水后回填，每年扩穴1次。

中耕除草：结合降雨、灌水进行，每年3～6次。

图 4 - 3　黄土丘陵区旱塬红梅杏

(二) 施肥

基肥：在采果后至封冻前进行。施肥量为：亩施农家肥 2～4 吨。追肥：以萌芽前、幼果迅速膨大期，采收前分三次进行

追肥：4 年生以下的杏树施果树专用肥 0.1～0.2kg/株；结果树施果树专用肥 0.5～2kg/株；展叶至采收前可根外追肥，根外肥配方：尿素 0.3%～0.5%；磷酸二氢钾 0.2%～3%；硼酸 0.1%。

施肥方法：基肥沟施，树冠外沿开沟，沟宽 40～50cm，深 10～60cm，肥料与土壤混合后填入沟内，上覆土。追肥穴施：追肥穴长、宽 30～40cm，深 15cm 施肥后覆土。

(三) 灌水

有条件的果园要浇好花前水、膨大水及封冻水。花前水：4 月上、中旬；膨大水：硬核期至采收前半月；封冻水：10 月底至 11 月初。

没有灌水条件的旱地果园要注意蓄水保墒，1～2 年树用 1m² 地膜进行漏斗状覆盖。5 年生以上树在树行间覆盖宽 2～3m 地膜或秸秆。

第四节　杏树的整形修剪

杏幼树期枝条生长旺盛，常造成花而不实。芽具早熟性，在一年中可发生 2～3 次分枝。生长习性与梅类似，先端抽生长枝或极长枝，中、下部形成短枝，基部芽成隐芽。萌芽率和成枝力都比较弱。杏花芽形成容易，栽植后 3～4 年即开始结果，而进入盛果期常较晚，一般需 10 年左右，但盛果期的年限较长。长、中、短各类枝梢及二次梢都能形成结果枝。幼树期长、中果枝所占比例较大，入盛果期后，短果枝和花束状果枝是主要结果枝，能连续结果数年。花芽为纯花芽，每芽 1 朵花，在长、中结果枝上常与叶芽及其他花芽相并生，类似于桃。单生花芽多位于长果枝的上端和短果枝、花束状果枝各节，前者着果率不高。杏休眠期短，春季先叶开花，易遭晚霜危害。花量大但坐果率常低，多退化花。严重程度与品种、树龄、树势及树体营养水平有关，幼年树上长、中果枝的退化花较多，成年树上在树冠上部和内膛退化花多。退化花的主要特征是雌蕊短缩、萎缩，甚至消失，不能正常受粉、受精和结果。杏是异花授粉植物，需不同品种授粉才能正常结实。与梅一样，同一株树上的花分批开放，但以第一批花的质量好，退化花少。幼果生长过程中主要有两次生理落果，生长过旺或过弱，不良的气候条件都会加剧落果，有时还有采前落果的现象存在。做好杏树整形修剪工作，对于开张树枝角度，提高光合强度，调节营养生长与结果的协调性和均衡性十分重要。

一、整形

疏散分层形：干高 30～40cm，第一层留主枝 3～4 个，第二层主枝 2～3 个，层间距 60～70cm，第三层主枝 2 个，主枝上直接着生结果枝组，主枝基角 50～60°，腰角 70～80°，3～4 年可成形。杏园夏季拉枝整形如图 4-4 所示。

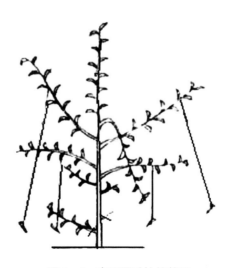

图 4-4　杏园夏季拉枝整形

自然纺缍形：干高 30～40cm，主枝 10～12 个呈螺旋状自然分布，主枝基角 50～60°腰角 70～80°，3～4 年可成形。

二、修剪

（一）幼树修剪

定干时选留剪口下饱芽 5～8 个，生长一年后再进行短截。

中心干剪留 70cm，主枝拉成 70°～80°固定，对第一年萌发的新枝中截，仅将二次枝疏除或扭梢缓放成果枝，保持单轴延伸，主枝不足时刻牙补枝，依次按上述方法培养二层、三层主枝，若主干生长量不足 80cm，可留 50cm 中截，下年再培养第二层主枝，对主枝上萌生的中长枝拉开缓放，背上旺枝扭梢缓放或疏除。一般三至四年即可成形。

（二）初结果树的修剪

对各类长果枝：短截（剪掉 1/3），剪口留外芽。对 2～3 芽枝重短截促发新芽，配备结果枝组。对侧枝两侧及外围枝缓放，利用饱满顶芽单轴延长，促后部萌生短枝，以后回缩到大中结果枝组；中果枝：中度短截（1/2）促发 2～3 个分枝培养结果枝组；短果枝，过密时以疏为主，有侧芽时留 1～2 个叶芽中截；对二年生弱枝回缩；对花束状果枝过密时可疏除。

（三）盛果期修剪

要加重修剪，多短截，多回缩，少疏枝，促发新枝。延长枝：中截（1/2 处）促顶端发壮枝，下部萌发中短枝，保持树的生长势。下部弱枝：基部留 4 至 5 芽重截，留 1～2 个叶芽促生壮果枝。发育枝及徒长枝：中度短截，促生形成新果枝组。

（四）衰老树修剪

在发芽前 1～2 个月进行，以减少养分损失。骨干枝强度回缩到壮枝分枝处（3～5 年生枝）留 50～80cm 长，伤口涂愈合剂保护，细弱枝应留得更短些（50cm 以下）。利用徒长枝中截摘心培养结果枝组。

（五）夏季修剪

拉枝开角：骨干枝基角 60～70°，其他拉平。

摘心：新稍长 10cm 时去掉 5cm 促发二次枝，二次枝长到 30～40cm 时摘心促枝条老化。

刻芽：在枝上 0.5～1cm 处刻半月形伤口促发新枝。

拿枝软化：用手顺枝捏拿，让枝条"伤筋动骨"，以促进芽的成熟。

疏枝：疏除过密枝。

顶枝和吊枝：盛果期防止主枝下垂劈裂，用木棍支撑或用绳子吊起。

第五节　杏树的主要病虫害防治

一、杏疔病

危害症状：主要危害新梢、叶片，也可侵染花及果实。新梢受害，生长缓慢，节间短而粗，叶片簇生，表皮呈暗红色至黄绿色。叶片发病，病叶变成杏黄色，肥大而增厚，呈皮革状，以后病叶变褐干枯，质硬，常卷缩畸形。到秋季，病叶变黑褐色或黑色，质脆易碎，在叶背面散生稀疏的黑色小粒体，病叶常年挂在树上，冬季也不脱落。

防治技术：清除越冬菌源。晚秋初冬，彻底剪除树上病枝叶，扫除地上的枯枝落叶，集中烧毁；春季树上显症时，及时上剪除病叶，即可有效地防治此病。

当新梢上 3～5 片叶展开时喷药保护，喷布 1 至 2 次 1∶1∶200 倍波尔多液，防效良好。

二、杏球坚蚧壳虫（杏虱子）

危害症状：危害杏枝条，常见枝条上雌虫体结球累累，其若虫、雌成虫固着在杏树枝条、树干嫩皮处，终生刺吸汁液，发生密度大，受害轻的杏树生长不良，受害严重的则逐渐衰退死亡。

防治技术：

人工刮除，或用刷子刷杀

萌芽前，喷 5 波美度石硫合剂。

幼虫孵化期喷 0.3～0.5 波美度石硫合剂，1605 乳剂 1 500～2 000 马拉硫磷 1 000 倍液，25% 亚胺硫磷 300 倍液 10% 氯氢菊酯 1 000 倍液。

树干涂药环，5 月下旬至 6 月上旬，刮去 15～20cm 树干老皮，涂 40% 氧化乐果 5 倍液，25% 久效磷 50 倍液、40% 甲胺磷 10 倍液涂后用塑料布包扎。

保护或释放天敌黑缘红瓢虫

三、桃小食心虫

桃小食心虫俗称"豆沙馅"，简称"桃小"。

危害症状：该虫以幼虫蛀害果实。幼虫蛀入果内后，在果皮下纵横蛀食果肉，随着虫龄长大，渐向果内蛀食，蛀道同时加粗，最终到达果心，虫粪不外

排，充满蛀道而形成"豆沙馅"，使杏果失去商品价值。

防治技术：

深翻树盘，消灭越冬虫茧。

越冬幼虫出土前，对树盘撒辛硫磷毒土或覆地膜。

利用性诱剂预报防治期，成虫羽化期喷功夫 2 000 倍液，敌杀死 2 500 倍液、20% 杀灭丁乳油 3 000 ~ 6 000 倍液、90% 敌百虫 1 000 倍液、50% 敌敌畏 1 000 倍液。

四、杏象鼻虫

危害症状：早春出土的成虫以杏芽、花苞为食，严重时食成光秃；产卵前期，咬食杏幼果，造成幼果出现疤痕；产卵期，将卵产入幼果内，因幼虫蛀咬果梗，造成大量落果。

防治技术。

深翻树盘，消灭越冬虫茧。

越冬幼虫出土前，对树盘撒辛硫磷毒土或覆地膜。

利用性诱剂预报防治期，成虫羽化期喷功夫 2 000 倍液，敌杀死 2 500 倍液、20% 杀灭丁乳油 3 000 ~ 6 000 倍液、90% 敌百虫 1 000 倍液、50% 敌敌畏 1 000 倍液。

五、蚜虫

危害症状：若蚜、成蚜在树上群集于顶芽及嫩枝叶背面，刺吸顶芽及嫩叶，导致顶芽枯死、新梢停止生长，叶片卷曲成螺旋状失去光合作用，并能造成落叶，为害过程中，分泌大量蜜露，招致烟煤菌寄生，影响杏树生长。

防治技术：

清扫果园。

喷 50% 久效磷 50 倍液涂树干药环，刮去老树皮至嫩皮 5 ~ 10cm，涂药物后用塑料膜包扎。

发生特别严重、卷叶迅速的情况下，可用 20% 杀灭菊酯乳油 3 000 倍液或 2.5% 溴氰菊酯乳油 5 000 倍液防治。

六、杏仁蜂

为害症状：幼虫在落杏核内或在枝条上的杏核内越冬，雌成虫在核皮与杏仁之间产卵，果面的产卵孔不明显，稍呈灰绿色，凹陷，有时产卵孔有杏胶流出，卵期约10d。孵化的幼虫在核内食害杏仁，造成大量落果。大约在 6 月上旬老熟，即在杏核内越夏越冬。

防治方法：

捡拾落果，摘除树上虫果，集中深埋或烧毁，消灭越冬幼虫。

进行深翻深耕土地（深度要求 15cm）将虫果翻入土下，使成虫不能羽化出土（幼虫在 3.5cm 深的土层中仍能正常羽化出土）。

在加工杏仁时，将水选出的虫核集中烧毁。

5 月上旬成虫羽化盛期喷洒 90% 晶体敌百虫 1 000 倍液。

七、天幕毛虫

为害症状：主要以幼虫取食嫩芽、新叶，大量发生时，能将全树叶片吃光，影响花芽分化和翌年坐果。

防治方法：

结合冬剪，剪去卵块烧掉。

幼虫刚孵化出来时，将其群居的叶片轻轻摘下，集中消灭。

叶面喷洒 50% 敌敌畏 1 000 倍液或 40% 乐果 1 000 倍液杀灭食叶幼虫。

八、大青叶蝉

为害症状：以成虫、若虫吸食叶片的汁液危害。秋末产卵时，以产卵器割开果树枝干的表皮，造成被害枝遍体鳞伤，导致树体过分失水。

防治方法：

对越冬卵量较大的果树，特别是幼树，用木棒挤压卵窝，消灭越冬卵。

注意清除田间杂草，减少中间寄主。

成虫及若虫发生时，叶面喷 50% 敌敌畏 2 000 倍液或 40% 澳氰菊酯乳油 2 000 倍液。

九、扁刺蛾

为害症状：以幼虫啃食叶片造成危害。幼龄时，只在叶背面啃食叶肉，残留下叶脉等，长大后，则将全叶吃掉。

防治方法：

消灭在树盘中，特别是主根根颈下的越冬虫茧。

幼虫发生时，叶面喷 50% 敌敌畏 1 000 倍液或 40% 澳氰菊酯 2 000 倍液。

十、红颈天牛

为害症状：以幼虫蛀食枝干表层，直接影响生长，严重者造成枝干整树枯死。

防治方法：

成虫发生前，于树干或大枝上涂抹白涂剂（生石灰：硫磺粉：食盐：水为10：1：0.2：40），防止成虫产卵。

成虫发生期间，人工捕杀成虫。

幼虫危害期间，用铁丝将幼虫捅死。

十一、霜冻预防措施

加强田间管理，加强肥水管理的基础上，秋喷 50 ~ 100mg/kg 赤霉素，提高树体抗冻能力。

注意收听天气预报，做好防霜准备工作。

霜冻来临时采取以下措施预防。

地面灌水及树体喷水。花前灌水，能降低树体温度，推迟开花时间，可躲过霜冻时间。

喷生物防冻剂。喷洒海盗素等生物防冻药剂进行化学防治。

花期熏烟，于霜冻来临前 2h 内放烟，保护地温和树温，增强抗冻能力。

第六节　杏树嫁接改造注意事项

对山杏及淘汰品种杏要及时嫁接改造成品种杏，变废为宝。嫁接改造时要注意以下几点。

一、选择改造对象

一般优先选择的改造现象是，树龄较小（十年生以下树）；向阳避风，冻害较轻的树；土层深厚，土壤条件较好的树。

二、主要方法

（一）坐地劈接

三年生以下的树采用坐地劈接法；即在春季树液流动后（3 月 20 日至 4 月 20 日），离地 5 ~ 10cm 的地方，剪断杏树主干，采用劈接的办法更换为品种杏。嫁接后将接口用塑料带绑缚严实。接穗可用保水剂涂沫或用地膜将伤口包严。当接穗生长到 30cm 左右时解除绑缠的塑料带，并用小木棍固定接穗，以防风折。

（二）高接换头

4 ~ 10 年生树宜采用高位枝接法（图 4 - 5），对主枝、侧枝全部嫁接，因嫁接部位高，又相当于换了一次树冠，故称高接换头。高接换头的效果是：树体损伤小，减产年份少，一般 3～5 年即可恢复到改造前的产量水平。

（三）加强土、肥、水管理

嫁接后的杏树要及进除草松土、施肥灌水。对改造嫁接后的杏树，可采取扩树盘改土蓄水增加土壤肥力。春、秋期间，围绕树基部开挖扩穴坑，长：可以挖 1 周或 1/2 周或 1/3 周，以后轮流换位开挖；宽：40cm；深：40cm 的坑，施入农家肥改良。此种方法每年进行 1～2 次，以便尽快恢复树势。

图 4-5 杏树高接换头

第七节 杏树日光温室栽培技术

一、定植

（一）栽植密度和品种选择

为了提高日光温室栽培品种杏的早期产量，应采取矮化密植栽培模式。矮化密植株行距可采用 1m×1.5m、1.5m×2m、2m×3m 等。当树体长大、树冠郁闭，影响产量时，要逐年隔行或隔株间伐或移除。也可以按 2m×3m 的株行距直接移植大规格苗木。日光温室内杏树栽植的方式，以宽行距密株距为好，南北成行，以利于通风透光和行间间作。

适合日光温室栽培杏品种以鲜食杏为主，主要有：金太阳、凯特杏、红梅

杏、曹杏。

(二) 授粉树的配置

杏属两性花，自花授粉性强，但在温室条件下，花不实或自花结实率低，应当配置授粉树。授粉品种以金太阳、凯特杏、曹杏或串枝红为主。上述品种与品种杏有良好的亲和性，花期相近，花粉量大，果实经济价值较高。授粉树与主栽品种的比例，一般为1:（3~4）。可采取株间混交搭配或行间混交搭配模式。

(三) 栽植措施

对所栽苗木进行分级，大苗栽植在日光温室的后部，小苗栽到温室的前部，以适应温室高度的分布特点，合理利用空间。

消毒：用4~5波美度石硫合剂药液蘸苗木根10~20min，再用清水冲洗一次；或用1:1:100式波尔多液泡苗木10~20min，再用清水冲洗一次。

栽前用生根粉蘸根，促进发根；栽后树盘覆盖地膜，以提高地温，保持水分，促进植株生长。

定植后及时定干，做到前低后高。

定植时浇足头水，以后应视干旱情况，每隔半月浇水一次。

在定植的同时，必须准备一定量的预备苗。预备苗可栽到编织袋或花盆等容器内，同样加强肥水管理。若温室内发现有病植株、生长不良植株和死亡植株，可及时带土补栽，确保温室内植株整齐、苗全苗旺。

二、日光温室杏结果期温湿度控制指标

掌握日光温室杏（图4-6）结果期温湿度指标，便于及时对设施内环境进行调控，以确保树体生长处于良好的温度湿度环境中，一般萌芽期白天气温2~24℃，夜间气温>5℃，空气湿度70%~75%；开花期白天气温20~24℃，夜间气温>8℃，空气湿度60%；幼果期白天气温22~24℃，夜间气温>8℃，空气湿度<60%；成熟期白天气温，24~29℃，夜间气温10~15℃，空气湿度<40%。

三、日光温室杏需冷量人工促成措施

杏树栽培一般采取促成栽培，为了实现杏果提前上市，需要对落叶后的红梅杏需冷量积累采取人工促成措施。杏树落叶后即进入自然休眠期，一般从10月开始至翌年1月为止。杏树的需冷量为800~1 100h。为了使杏树迅速通过自然休眠，进行日光温室促成栽培，多采用人工低温集中处理方法对杏树进行人工破眠。即当深秋平均温度低于10℃，最好是在7~8℃时，开始扣棚保温，日光温室夜晚揭开草苫，开启风口让外界冷空气进入，实施降温；白天盖上草苫，关闭

图 4-6　杏树大棚建园

风口保温，防止外界热空气进入，使棚室内继续保持夜晚的低温。每天是否揭盖草苫，要以棚室内温度维持在 0~7.2℃ 范围内为准。采用此法处理 10~20d，就可顺利通过自然休眠。保温性能差的设施，应适当推迟打破休眠和扣棚升温的时间，以免发生冻害。

四、日光温室杏树打破休眠与缓慢升温方法

杏打破休眠进行生产时，要揭苫升温，应当采取缓慢升温的办法，使杏树逐渐适应。第一步，在升温后 5~6d 内，白天揭开 2/5 草苫，夜晚盖苫保温，使室温保持在 8~10℃；第二步，揭开 2/3 草苫，保持在 10~16℃，时间为 3~4d；第三步，揭开 4/5 的草苫，保持在 10~20℃，时间为 2~3d，以后白天草苫全揭，夜间全部盖苫保温。为了协调地温与气温的平衡，应在揭苫升温前 20~30d，提早覆盖地膜，以提高地温，并增施有机肥。

五、日光温室杏树的栽培技术

（一）整形修剪

由于日光温室的小环境限制，如何修剪，使杏树形成适宜日光温室条件生长的树形，对于红梅杏日光温室栽培很重要。适宜树形，可使日光温室内杏树合理充分的利用空间、阳光，有利于田间管理和杏树的生长发育。常用树形一般有自然开心形、丛枝状、"丫"字形、多主枝分层开心形、纺锤形等。在大棚栽培条件下，树形以"丫"字形为好，辅以少量自然开心形和其他树形。

5 月底、6 月初定干定梢，选留角度较好的 7~12 个梢，其余抹掉。新梢长至 40cm 时选 2~4 个梢重点培养，进行"V"字形或开心形整枝；对其余新梢摘

心，促发 2 次梢，背上直立梢，要反复摘心；过多、过密枝抹掉。8 月初喷 2 000 倍多效唑液抑制新梢旺长，促进成花，隔 10d 再喷 1 次。8 月中下旬拉枝开角。11 月上旬喷 10%～12% 尿素。扣棚前疏去过多、过密枝及背上直立旺长枝，去掉病虫枝，调整树体结构。扣棚升温后，进行花期复剪，短截一些花量过大的结果枝，以此控制花量。果实膨大到果实成熟前，对新梢多次摘心，以控制新梢旺长，提高坐果率和单果重，对背上直立新梢可采取抹除或扭梢的方式。5 月上、中旬果实采收揭膜后，以回缩与疏枝结合的方式，调整树体的生长平衡，防止补偿性旺长。

（二）花果管理

花期大棚内湿度大，又缺少传粉媒介，要进行人工辅助授粉。开花后每日上午 8：00～11：00 用毛笔逐花授粉，以提高坐果率。花后 20d 左右结合疏果，疏除并生果、小果、畸形果。疏果时，一般长果枝留 3、4 个果，中果枝留 2、3 个果，短果枝留 1 个果，使果实在树冠中均匀分布，达到合理负载。

（三）肥水管理

杏树在生长前期需水量大，土壤水分充足，有利于树体生长。生长后期要控制水分，以避免过湿涝烂根。杏树在萌芽前灌水 1 次。以利于萌芽、开花和结果。另外，在硬核期新梢生长和果实发育时期也应灌水，以保证杏树的产量和品质。根系早春便开始活动。故基肥应在冬前土壤封冻前施入。以有利于根系早期吸收。在生长期，为补基肥的不足，应进行追肥。追肥应在萌芽前和硬核时期进行，且以施速效肥为主。

（四）病虫害防治

扣棚后萌芽前喷 3～5 波美度石硫合剂，防治越冬病虫害，花期喷一次蚜虫一次净＋尼索朗，消灭蚜虫和红蜘蛛，生长季节视病虫害情况，喷 1～2 遍杀虫和杀菌剂。

第五章
梨树栽培技术

第一节　梨树优良品种

　　梨是我国的大众水果，产量接近世界梨产量的一半。梨品种的品质优劣具有明显地区性差别。例如，河北省的鸭梨在河北和山东等地都有很大的栽培面积，但比较其果实品质，以天津以南及山东省阳信市一带土壤偏碱地区梨的品质为最好，表现为糖度高、肉质细脆，较耐贮藏。苹果梨在我国东北和西北地区栽培面积很大，其品质最好的是吉林延边地区所产的苹果梨。酥梨的适应性很强，原产于安徽省砀山的酥梨，是目前我国栽培面积最大的丰产品，它的果实品质较好，耐贮藏。我国科研单位通过杂交培育的品种也不少，如早酥、晋酥梨、晋蜜梨和锦丰梨。

　　在我国梨的品种中，一般认为，品质最优的是库尔勒香梨，原产地在新疆库尔勒。通过各地引种试验，也适合与新疆南部、甘肃省、陕西省和陕西省气候干燥而又有灌溉条件的地区栽培。其引种地要求日照充足，昼夜温差大，土壤较肥沃。

　　适合宁夏固原栽培的梨树品种以早酥梨为最佳，早酥梨品种做为固原梨树主栽品种是由中国科学院西北水保持研究所专家根据该地实际筛选推荐的，并在上黄试验点进行多年栽培试验成功的，事实证明：固原栽培的早酥梨因海拔高、日照充足、昼夜温差大、含糖量高等特点品质高于陕西关中地区。

　　宁夏林业技术部门经过考察论证，认为下述品种具备名、优、特、新品种特点，适合在宁夏引种栽培。

一、早酥梨

　　早酥梨为中国农业科学院果树研究所育成的早熟新品种。母本为苹果梨，父本为身不知梨。1956 年杂交，1969 年命名（图 5 - 1）。授粉品种有砀山酥梨、酥梨、八云、苹果梨、锦丰梨、茌梨、鸭梨和雪花梨等。果实多呈卵圆形或长卵形，平均单果重约250g，大者可达700g；果皮黄绿或绿黄色，果面光滑，有光泽，并具棱状突起，果皮薄而脆；果点小，不明显；果心较小；果肉白色，质细，酥脆爽口，石细胞少，汁特多，味甜稍淡，含可溶性固形物11%～14%，可溶性糖7.23%，可滴定酸0.28%，维生素C 3.70mg/100g，品质上等。早酥梨树势强，萌芽率84.84%，一般剪口下抽生1至2条长枝。定植后3年即开始结果，以短果枝结果为主，占91%，中果枝6%，腋花芽3%。连续结果能力强，丰产、稳产。8月中旬果实成熟。果实发育天数94d，营养生长天数为209d。除极寒地区外，全国各省区都有引种试栽。在华东、西南、西北及华北大多数地区均适宜栽培。

图5-1 原州早酥梨

二、玉露香

玉露香梨以库尔勒香梨为母本，雪花梨为父本杂交选育而成。2003年玉露香梨通过省级品种审定和国内专家鉴定，2007年获山西省科技进步二等奖，北京奥运会推荐果品评选一等奖。该品种具有库尔勒香梨特有的优良品质，具有肉质细嫩、香甜爽口、品质极佳、果面光洁细腻，着红条纹等优点。果皮薄，果实近球形。平均单果重237g，最大450g，在晋北，果实9月中旬成熟，耐贮藏（土窑洞贮藏6个月以上）。

玉露香可在北方广大白梨适栽地区栽培。品种优势突出，市场竞争力强，发展前景广阔。

三、三红梨

三红梨（红叶、红花、红果）：系中国研究人员与新西兰梨树专家经数年合作育成的梨树新品种。该品种外观优美、叶红润、嫩枝紫红、花粉红、果熟艳红，具有独特的观赏价值，可作生态观光果园及城市小区绿化的首选品种。

该品种树势强，抗逆性好，适应性强。花期特别抗冻害，坐果率极高，易管理，定植后 2~3 年结果，自花授粉挂果能力强，连续结果能力强，丰产，稳产。南方 6 月上中旬成熟，北方 6 月底到 7 月中旬果实成熟，盛果期一般亩产 3 000 kg。幼叶鲜红（整个生长季节嫩叶也红），梨花粉红，花红所结的幼果也是红，成熟果外观是艳丽红。果实圆或长卵形，平均单果重约 260g，大果可达 550g。果面光滑，鲜红有光泽，皮薄且脆，果心很小，可食率高，果肉莹白，质细，脆而爽口，石细胞极少，汁特多，味甜微酸，可溶性固形物含量 14%，含糖量 12.2%，品质极上等，因此被中国果树界的知名专家赞誉"果业奇观，梨品奇葩"。

四、蕴硒红

蕴硒红又名早酥红，是一个早酥梨芽变品种，具有早酥梨的完全性状及良好口感。该品种嫩叶紫红，梨花粉红，幼果全红，成果条红。果实卵圆或长圆形，平均单果重 250g，皮如红缯，薄而脆。果面光洁，瓤肉莹白、质细、脆嫩、汁多、味甜，果心小，石细胞少，酥脆爽口。含糖量 12.2% 左右（高于普通早酥梨），品质极上等。

蕴硒红树势强，抗逆、抗病性强，易管理。蕴硒红梨适应性强，全国能种梨的地区均可种植。果实品质极优，外观鲜艳，实为大型超市、高档果品陈列及建立精品果园、观光园、采摘园的最佳选择。

五、秋月梨

秋月梨是日本的最新品种，由丰水、新高、幸水 3 个品种经过取长补短杂交选育而成，属于中晚熟褐色砂梨系新品种。该品种果形美、质优、口感好、营养丰富。果形端正，为扁圆形，果形指数 0.9，果实大小整齐，商品果率高。平均单果重 450g，最大可达 1 000g。果皮黄红褐色，果色纯正；果肉白色，肉质酥脆，石细胞极少，口感清香，可溶性固形物含量 14.5% 左右，较南水梨甜味稍淡。果核小，可食率可达 95% 左右，品质极佳，贮藏后不变味（无酒精等异味）。

秋月梨无采前落果，采收期长，在河北省赵县 9 月中旬成熟。适应性较强，

抗寒、抗旱，较抗黑星、黑斑病，各种土壤均可栽培，对水肥条件要求不严。

六、黄金梨

黄金梨韩国用20世纪和新高杂交育成的新品种，果实扁圆形，平均单果重350g，9月上旬成熟。成熟时果皮黄绿色，储藏后变为金黄色。果皮极洁净，套袋时果皮成金黄色，呈透明状。果肉细嫩而多汁，白色，石细胞少，果心很小。含糖量可达14.7%度。味清甜，具香气。风味独特，品质极佳。易成花，一般栽后次年成花可见果。异花授粉，极丰产。梨即"百果之宗"。黄金梨是梨的一种，因其鲜嫩多汁，酸甜适口，所以又有"天然矿泉水"之称。不套袋果果皮黄绿色，贮藏后变为金黄色。套袋果果皮淡黄色，果面洁净，果点小而稀。果肉白色，肉质脆嫩，多汁，石细胞少，果心极小，可食率达95%以上，不套袋果可溶性固形物含量14%～16%，套袋果12%～15%，风味甜。果实9月中下旬成熟，果实发育期129d左右，较耐贮藏。

黄金梨幼树生长势强，结果后树势中庸，树冠开张，萌芽率低，成枝力弱。以短果枝结果为主，成花容易，花量大，腋花芽结果能力强，改接后第二年结果。坐果率高，丰产。极易成花，早实性强，定植后二年结果，花粉量极少，需配置授粉树。适应性强，抗黑斑病、黑星病。

第二节　梨树建园

梨树的适应性很广，在山坡、丘陵和河岸滩涂等地均可栽培。梨树建园要从以下几个方面入手。

一、苗木选择

苗木质量的优劣对梨树生长发育具有重要的影响。因此，在选择苗木时，必须达到以下标准：品种纯正，侧根较多，根系发达完整，苗高1.0m以上，枝粗节短，皮色光亮，栽后定干部位芽大饱满，嫁接口愈合完好，无检疫性病虫害等。这种苗木栽后缓苗快，发芽早，成活率高，生长旺盛，结果早，丰产性好。

二、授粉品种选择与配置

梨树自花授粉不良，需要异花授粉才能正常结果。

选择授粉品种的条件是：授粉品种本身具有经济价值高、丰产性好、适宜当地生态条件、与主栽品种授粉亲和力强、花量及花粉量大、花粉萌发率高、与主栽品种花期一致等。

　　梨树的授粉品种主要有：砀山酥梨、鸭梨、茌梨、苹果梨、锦丰梨、黄冠梨、丰水梨。所以在梨园建立时，必须配置好适宜的授粉树。

　　授粉品种的配置数量，一般根据授粉品种的经济价值而定。授粉品种的经济价值高，又同时可互为授粉品种时，采用等量式配置；授粉品种经济价值较低时，采用少量式配置，如1：2，1：3，1：4等；坡地栽植时，应将授粉品种树栽于高处。

三、栽植密度

　　栽植密度是指单位面积内所栽植果树的株数。为了既有利于提高早期产量，又利于持续高产优质，既能充分利用土地和光能，又便于现代化管理，就必须确定果树栽植的合理密度。梨树栽植时，应根据果园的土壤、气候、所采用的砧木、品种、农业技术等条件的不同，选择适宜的栽植密度，一般以株距3m，行距4m为宜。

四、栽植时期

　　梨树栽植分为春栽和秋栽两种。宁夏回族自治区固原冬季漫长寒冷、早春多风、气候干燥，适宜春季栽植，即在土壤完全解冻后至苗木萌芽之前进行，具体是3月中旬至4月上旬栽植，以防发生越冬冻害或早春枝叶抽干。

　　梨树也可在秋季栽植，秋季栽植时应在苗木落叶后土壤结冻前进行，即在11月上旬至中旬进行秋栽。自繁自育苗木者，也可采用苗木带叶、根系带土栽植。栽植时，结合连阴天，采用随挖随栽的方法进行，此种方法栽植，不仅成活率高，而且基本无缓苗现象，来年梨树生长更健壮。

五、栽植方式

　　梨树的栽植方式有多种，如长方形、正方形、三角形、带状式、等高线式等栽植方式。应根据具体地形，本着充分利用土地和光能，提高产量，便于管理的原则，来进行选择。

　　目前，平原川地多采用长方形单行树篱式，山地梨园多采用等高线式。长方形栽植，行距大于株距，通风透光性能良好，便于行间的地上地下管理，待梨树长大连行后，便成为单行树篱式，是大面积梨园中度密植的最佳栽植形式。等高线栽植，是每行按等高线走向栽植的方式，这种栽植方式，有利于山地丘陵条件下，按等高栽植的线路扩穴改土，修筑梯田，水平沟和鱼鳞坑等水土保持工程。旱塬地四年生梨园如图5-2所示。

图 5-2　旱塬地四年生梨园

六、栽植要点

对已经选定的园址，首先要进行土地平整，或修筑梯田，或水平沟。然后依据准确的测量，标出定植点，再按定植点顺行挖栽植沟或栽植穴。沟宽或穴径为 80～100cm，沟深或穴深 60～80cm。

挖掘时，将表土和心土分别放置，以促使心土风化，达到改良土壤的目的。挖掘定植沟或定植穴，应在定植前半年左右完成，除去沟中或穴中的卵石和石块。石头较多的丘陵或滩地，可采用客土的方法，从别处挖运来较肥沃的土壤，掺入其中，进行土壤改良。

就梨树的生长和结果而言，采用宽、深的栽植沟优于宽、深的栽植穴，宽、深的栽植穴优于窄、浅的栽植穴，增施基肥的优于少施或不施肥料的。

对栽植沟或栽植穴回填土时，应将已备好的有机肥与表土拌和均匀后，填入定植穴并堆成小丘状，并将心土撒于行间。对栽植沟或栽植穴回填完毕后，浇一次大水，使其中的土壤沉实。经过一段时间的土壤沉实后，即可进行梨苗的栽植。栽植梨苗一定要保证质量，绝不能马虎草率。进行栽植作业时，在沟或穴的中心挖一个 30cm 见方的小坑，放入健壮合格的苗木，使根系伸展开，并使苗行对齐。然后填土，填土深度以填至苗木基部原来的土痕处为适宜。填土时，要随填土用手轻轻提苗，使苗木根系既能舒展，又能与土密接。填至适当高度后，将填土踏实，并立即浇定根水。梨苗栽植 3～4d 后，必须对定植质量欠佳者进行扶正和培土等补救工作，并对全部定植苗再浇水一次，以确保定植梨苗成活。

对于定植的梨苗，要精心进行护理，使其能尽量成活，并且健康生长、早日成树、开花和结果。冬前栽植的，要注意冬季培土，或在苗木的西北侧做一道高50cm、长100cm的月牙形土埂防寒。春季栽植的，可在园地上覆盖地膜，这样既可保水，又可提高地温，有利于苗木的成活和生长。

只要严格操作规程，认真栽植，精心护养，就可以使梨园定植苗全部成活，为梨园的丰产和高效打下良好的基础。

第三节 梨园土、肥、水管理

一、土壤管理

土壤是树体生长、果实发育等所需营养物质和水分的主要来源。如果土壤瘠薄、板结，且污染严重，就不能生产出形美、质优的果品。目前，梨园推广先进的土壤管理技术，如生草法、覆盖法和化学除草法等，其目的都是创造良好的根系土壤条件，提高果园土壤有机质含量，活化疏松土壤，提高土壤团粒结构程度，增强土壤的通透性，提高土壤保肥蓄水的能力，为梨树的生长发育和优质丰产打下良好的基础。

二、梨树施肥

梨树和其他果树一样，需要通过不断施肥来供给，补充树体生长、果实发育所需要的各种营养元素和调节营养元素间的平衡。通过施肥可熟化土壤，改良土壤理化性状，促进根系吸收，为树体正常发育奠定物质基础。梨树的花芽均为上一年形成，所施的肥料既要保证当年的树体生长、果实发育和高产优质，又要满足来年花芽足够数量的形成，促使树体贮存足够的营养，来供翌春萌芽、开花和坐果之用。因此，必须依照树体生长和结果表现、叶分析资料和土壤性质，以及气候与灌溉条件等各方面因素，来综合考虑，坚持有机肥料与无机肥料，大量元素、中量元素和微量元素，基肥、追肥和叶面喷肥，施肥与其他措施相结合的方法，根据梨树的需肥规律，进行平衡施肥和配方施肥，才能取得既增加产量、又提高果实品质的目的。

（一）肥料种类

农业生产中所使用的肥料多种多样。通常将肥料分为有机肥和无机肥两大类。具体的又可细分为有机肥料、微生物肥料、化学肥料和叶面肥料等。

1. 有机肥料

有机肥料包括各种堆肥、厩肥、人粪肥、禽肥、饼肥、作物秸秆肥、绿肥、沼气肥、腐殖酸肥、城市生活垃圾（经无害化处理）加工而成的肥料等。其中，除沼气肥和绿肥外，其他肥料则需要经过堆沤、充分腐熟后才能施用（图5-3）。

图5-3　地膜覆盖增温保墒

2. 微生物肥料

微生物肥包括微生物制剂和微生物处理肥料等（如生物钾肥）。我国目前常用的微生物肥料有固氮菌肥、磷细菌肥、硅酸盐细菌肥料和复合微生肥料等。在微生物肥中，起特定作用的是微生物。它的生命活动及其产物，可以改良土壤结构和理化性状，改良梨树的营养条件，刺激梨树的生长发育，提高梨树的抗病和抗逆能力。微生物肥料不含化学物质，对环境没有污染，用它所生产出来的果品，形美质优，无公害，对人体安全。

3. 化学肥料

化学肥料是指用化学方法或物理方法生产的肥料，包括氮肥、磷肥、钾肥、硫肥和复（混）合肥等。如尿素、碳酸氢铵、磷酸二铵、过磷酸钙、硫酸钾和硝酸钙等。

4. 叶面肥料

叶面肥料包括氮、磷、钾等大量元素类及微量元素类、氨基酸类和腐殖酸类肥料，以及有益菌类肥料等。如高美施液肥、氨基酸钙和EM液等。

叶面肥料具有见效快、利用率高，方法简便、用肥经济的特点，特别是对于梨树缺素症和某些易被土壤固定或移动较慢的元素，施后2h即可被梨树的叶片所吸收和利用。

（二）施肥量、时期及方法

1. 施肥量

因受到土壤营养状况、管理方式、供肥能力、肥料种类，以及树龄、树势等诸多元素的影响，各地梨园的施肥量很难确定统一的标准。一般土质疏松的砂土地和较黏重的园地需肥量大；相同的土壤状态，生草栽培的较树盘覆盖的需肥量大，更比清耕园需肥量大，而结果树又比幼龄树需肥量大。按传统的"斤果斤肥"标准，施用圈肥、厩肥和堆肥等，比发酵的纯动物粪便量大。

2. 秋季施肥

施肥时间按照不同时期进行，一般在以下两种时期来施肥。

（1）秋季施肥，也称秋施基肥。秋季梨果采收后施肥，正值根系的第二次生长高峰期，施肥切断的部分根系能尽快愈合再生，使根系的吸收能力增强，利于树体养分的积累贮存，对第二年春季梨树的萌芽、开花、坐果和春梢的生长，以及树形的发育，具有至关重要的作用。树体内细胞液浓度的提高，有助于抗寒抗冻能力的加强。因此，秋季施肥应作为全年施肥中的重中之重对待。这一时期施肥时间，应该在不引起梨树新梢再次生长的前提下，越早越好。该期的施肥应该以有机肥和缓效肥为主，并配以磷、钾肥和少量的氮肥。基肥的用量，应占全年施肥量的绝大部分。

（2）生长季施肥。生长季施肥，也称追肥。从一定意义上讲，生长季施肥是对秋季施肥的补充。梨树在不同物候期对肥料的需求量不同，即使基肥施用量充足，由于其肥效平稳、缓慢，为确保当年的高产、优质和为来年稳产增收打下良好的基础，也必须根据不同的生长时期，及时补充速效性肥料。这也是全年生产管理中不容忽视的重要环节。

①花前施肥。花前施肥以施氮肥为主。因树体萌芽、开花、展叶、新梢生长等所消耗的营养成分大部分为树体自身贮存的营养，如得不到及时补充，不仅影响新梢的正常生长，还会导致严重落花而降低产量，故应及时追施速效性肥料。此时追肥，对树势较弱的盛果期大梨尤为重要；而对于幼旺树，则可省去此次施肥。

②花后施肥。仍以氮素肥料为主。此时，正值幼果形成并迅速膨大、新梢旺盛生长、叶幕形成时期，树体需要氮素较多，如不及时补充，就会影响叶片生长、降低光合作用，使坐果率下降，幼果发育迟缓。

③果实膨大期施肥。应以全效性复合肥为主。此时施肥，对提高产量，促进

花芽分化，具有一定的作用。但所施氮素肥不宜过多，尤其是结果量少的幼旺树，高氮容易使新梢徒长，树冠郁闭，影响花芽的形成和树体营养的积累。

④果实发育期施肥。果实发育期施肥应以磷、钾肥为主，以便为提高产量和果实品质、增强果实耐贮性奠定良好基出。对成熟期晚的梨树品种，由于其果实发育期较长，为缓解花芽分化和果实发育对树体造成的营养缺乏，此时可适量加入部分氮肥。

3. 施肥方法

肥料的施用应根据肥料的性质、梨园树龄的大小、栽植密度与方式、土壤条件和管理模式等，采用不同的方法。

（1）环状沟施肥法。环状沟施肥法多用于幼龄树施肥。其做法是，在树冠投影外围挖一宽 40cm、深 50cm 的环状沟，将肥料与土拌匀施入沟中，然后覆土踏实即可。

（2）放射状施肥法。采用放射状施肥法时，以主干为中心，等距离挖 6~8 条放射状沟。通常沟深 30~50cm，沟宽 50~60cm，并且要里端浅窄，外端深宽。然后将肥料与土拌匀，施入沟中，这样施肥可达到全园施肥的目的。

（3）条沟施肥法。采用条沟施肥法时，于行间或株间挖比冠径稍长或与冠径相同，深 40~50cm、宽 40~60cm 的条状沟，将肥料与土拌匀后施入沟中，然后覆土填平，即可达到环状沟施肥的效果。

（4）全园撒施法。该施肥方法适用于永久性生草梨园和成龄密植梨园。具体做法是，将肥料均匀地撒施于全园，未生草园可结合深翻混入地下。此法肥料用量大，利于改良土壤和环境。

（5）穴状施肥法。该法适用于各种条件下的梨树施肥。具体方法是，根据树体大小，在距主干 30~50cm 外、树冠外缘内，无序排列地挖宽 20cm、深 30cm 的穴 10~20 个。挖时近树干的穴浅，外侧的穴深。肥料施入后与土拌匀，然后覆土踏平。

（6）根外施肥法。根外施肥法即叶片喷肥。该法是将速效、易溶性的氮、磷、钾、微肥等溶于水中，可少量弥补树体营养的不足；夏季对树体喷施磷、钾肥，可促进果实正常生长；秋季落叶前 10d，对树体喷氮素，可以延迟叶片的脱落，延长叶片的光合作用时间，增加树体的养分贮藏。冬季，喷施加有硫酸铜的肥液于枝干，既可以给树体补肥，又可以对树体灭菌。另外，有针对性地喷施微量元素肥液于枝叶，可缓解和纠正树体的缺素症。

三、梨园浇水和排水

梨树是需水量较多的树种，土壤中水分含量达到持水量（土壤中所能保持的最大水量）的 60% ~ 80% 时，最适宜梨树的生长。根据实验测定，梨果中 80% ~90% 都是水分。梨树每制造 1g 干物质，需要水分达 280 ~ 401g。它的蒸腾量越大，根系吸收水分就越多。因此，需要土壤中源源不断地供给梨树水分，才能使其体内的水分保持平衡，从而保证梨树营养运输、光合作用、养分转化、生长发育和开花结果等生命活动的正常进行。

"有收无收在于水，收多收少在于肥"。由此可见水分对于梨树生长的重要性。水分不足，会引起落花落果，新梢停长，叶片变黄、脱落，果实皱缩，甚至开裂；而水分过多，则会造成土壤通气不畅，氧气含量降低，有害物质积累，导致根系在缺氧状态下沤烂，甚至死树现象的发生。

给梨园浇水，要解决好浇水时期的浇水方法问题。

（一）浇水时期

浇水时间应根据梨树在一年中各物候期的需水量，当地的降水量和时期，以及梨园土壤条件结合追肥等来确定。一般应在以下几个时期浇水。

萌芽期浇水。冬春季干旱多风，土壤湿度降低，及时浇水有利于树体萌芽、开花和坐果，加速新梢生长，增加功能叶片数量，提高光合作用能力。浇水时间在 3 月中、下旬。

开花后浇水。此时期的梨树生理机能旺盛，新梢生长和幼果发育同时进行，是梨树的需水临界期。及时补水，可防止落果，加快果实膨大。浇水时间在 4 月下旬或 5 月上旬。

果实膨大期浇水。6 月，是梨果迅速膨大和梨树花芽大量分化期，同时进入需水高峰期。但此时梨区雨季尚未到来。如果干旱缺水严重，果实就会变小，即使后期供水，也难保证果实的增大。因此，适量浇水，满足其水分需求，既能促进花芽健壮分化，又能增大果个，提高产量。

采收后浇水。果实采收后，结合施基肥浇水，可促进土壤中肥料的分解，刺激根系生长旺盛，促使叶片功能迅速恢复，有利于树体积累和贮存营养。其浇水时间在 9 月下旬或 10 月上旬。

封冻前浇水。此时浇水，可提高土壤的温、湿度，增强树体的抗寒越冬能力，为翌年的生长结果奠定基础。

（二）浇水方法

目前，梨园浇水方法多种多样。一般根据当地梨园环境、规模、投资能力和自然资源等情况，采用不同的浇水方法。应本着节约用水，减少土壤侵蚀，提高效率的原则，选择适宜的浇水方法。

渗灌法。渗灌法是指通过地下埋设的输水管道和渗管，依靠事实上高差的水位，让水从管壁小孔流出，或从管壁毛细孔中慢慢渗出，使其周围土壤达到一定的湿度该法是最省水的一种浇水方法。用水量仅是常规灌水量的30%，适用于缺水地区和山地梨园。

管道灌水法。管道灌水法即在梨园地下超越冻土层的深度，埋设输水管道，在地上接管灌溉。为方便管理和使用，可间隔一定距离设一个接头。该法既能节约因明渠蒸发、渗漏等损失的水分，还兼有接上喷头和药管就能进行喷药的功能。可适用于多种地形的梨园。

滴灌法。滴灌法是利用水泵或高差将水进行加压，过滤后，通过低压管道系统，输送到滴头，然后将水一滴一滴地滴入梨树根区土壤中的灌溉方法。滴灌具有节水、保墒、增产、增质和防止盐渍化等优点，是目前干旱缺水地区梨园最有效的一种节水灌溉方法，其水的利用率可达95%。

喷灌法。喷灌有固定式和移动两种设备。喷头有在树冠顶部、树冠中央和树干周围等多种。喷灌，是利用管道将有压力的水送到灌溉地段，通过喷头分散成细水水滴，均匀喷洒到田间，对梨树进行灌溉，它具有省水、省工、兼顾喷药、施肥等作业的优点。适于平原、山地、坡地、不平整地以及生草制的梨园采用。

条沟灌水法。条沟灌水法是指在树冠下开环状沟或顺行条状沟进行灌溉，待水完全渗入后覆土填平。此法较省水，而且对土壤结构的破坏比漫灌和树盘灌溉轻。因此，它是目前缺水地区梨园应用较普遍的灌溉方法。

树盘灌水法。树盘灌水法是指在梨树周围地面，按树冠大小以土作埂，修成圆盘或方盘，引灌溉水流入盘内。此法简便省工，用水少。但浇水范围较小，距树干较远的根系不易得到充足的水分供应。它适宜水源较充足的梨园应用。

穴灌法。穴灌法是指在树冠投影的外缘挖穴，将水灌入穴中，以灌满为度。穴的数量依树冠大小而定，一般为 8~10 个，直经为 30cm 左右。水渗干后，将土还原。此法灌水经济，土壤不板结，在缺水地区应用较多。经过多年的应用，此法得到了改进。其做法是，在原基础上，在穴内加一捆浸透肥水的草把，并在其上覆盖地膜，就变成既供水又供肥的穴贮肥水法。此法更适合于山地干旱梨园采用。

第四节　梨树的整形修剪

整形修剪（图 5-4）是梨树栽培中的一项重要技术措施。进行梨树的整形修剪，必须了解梨树的生长枝、结果枝的类型，以及不同修剪方法应用后的不同反应特点，遵照"因树修剪，因树作形；有形不死，无形不乱"的原则，结合当地自然条件和生产需求，统筹兼顾，根据树形制定修剪措施，并通过修剪技术手段，达到整形的目的。

图 5 – 4 冬春季梨树整形修剪

通过合理的整形修剪，可调节整体和个体各部分的结构，协调生长与结果、衰老与复壮之间的矛盾，充分利用空间和光热资源，使梨树提早结果，延长经济结果寿命，提高产量，改善果实品质，避免大小年结果现象，减少病虫害，增强梨树的抗灾能力，降低生产成本，提高经济效益。

一、树条类型

（一）营养枝

一年生枝无花芽的枝称为营养枝。根据梨树营养枝的发育特点和枝条长度的不同，可以将营养枝分为短枝、中枝和长枝。

1. 短枝

短枝长在 5cm 以下，节间很短，一般具有 3～5 片叶，成莲座状着生。叶腋间不具侧芽或具有不充实的侧芽，只有一个顶芽发育充实饱满。

2. 中枝

中枝长度为 5～30cm，叶片数在 6～16 片。新梢下部 3～5 节叶腋间没有侧芽的为盲节。自基部盲节以上的叶腋间，均有发育较充实的侧芽。

3. 长枝

梨树长枝的长度在30cm以上。长枝上的叶片数变化较大，但一般多在15～30片。凡叶片较大者，其叶腋间的芽发育较充实饱满。梨树上的长枝停止生长时间较早，除个别枝条有秋梢外，其余的大部分长枝只有夏梢。

（二）结果枝

着生花芽的一年生枝称为结果枝。长度在5cm以下的称为短果枝，长度在5～15cm之间的称为中果枝，长度在15cm以上的称为长果枝。当花芽萌芽后，在开花结果的同时，从果苔后侧方发出新梢，称为果苔副梢或果苔枝。如果当年的果苔副梢顶芽形成花芽，开花结果，结果后又分生果苔副梢。如此连续结果，几年以后分生出较多的短果枝，形成短果枝聚生的枝群，称为短果枝群。

1. 结果枝组的类型

在同一母枝上，由各种结果枝组成的群体枝，称为结果枝组。根据枝条数量及分布范围的不同，结果枝组分为大型、中型和小型3种。各类结果枝组可以因需要由大变小、由长变短、由小变大、由直立变为下垂、由强变缓、由弱变壮。各类枝组要合理搭配，错落着生，达到多而不挤、枝枝见光的状态。

（1）小型结果组。小型结果枝组由2～5个枝条组成，枝条分布范围在30cm以内。小型枝组体积虽小，但在树冠中分布数量较多，是全树产量的主要来源部分。

（2）中型结果枝组。中型结果枝组由5～15个枝条组成，枝条分布范围在35～60cm，穿插于大、小型结果枝组之间。中型结果枝组占全树结果枝组的30%。它的有效结果枝多，能在枝组内更新和轮换结果，寿命长，生长健壮。

（3）大型结果枝组。大型结果枝组，由15个以上枝条组成，枝组范围大于60cm。大型枝组结果组的寿命长。它能在组内更新复壮，利于延长丰产期，防止大小年的发生，对增加结果部位和填补空间有重要作用。

2. 结果枝组的培养方法

常用的枝组培养方法有先放后缩法、先截后放法、直立拉平法，以及将各类枝条改造培养成结果枝组等。如连年短截法、小型枝组培养、中型枝组培养、大型枝组培养、大型直立枝改造成中型枝组、冗长枝回缩成中型枝组、串花枝回缩成小型枝组等。

3. 结果枝组的配置

结合栽植密度和采用的树形，依据前小后大、前稀后密，大、中、小、立、侧、垂、长、短、高、矮合理搭配，大枝组占空间，小枝组补空隙，交错排列，多而不挤的原则，配置结果枝组。如大型结果枝组由于体积大，只能在稀植乔化树及疏层形的骨干枝上配置。而倒"人"字形、纺锤形的主枝，其实就是一个大型结果枝组，在其上只能配置中、小型结果枝组。只有合理配置，才能达到既不影响树体通风透光，又能获得高产优质果品的目的。因此，合理配置结果枝组，是梨树整形修剪中的一项重要工作。结果枝组的生长姿势、配置情况，主干疏层形主枝上的枝组配置、纺锤形的主枝上的枝组配置都要遵从上述原则。

二、修剪方法

1. 抹芽

春季芽萌动时，除了在有空间的部位或需要培养预备枝的更新部位有计划地保留一部分嫩芽外，要及早将无用的其他嫩芽（枝）抹除。这样，可改善通风透光条件，减少营养物质消耗，不仅能提高果实的产量，而且可以提高果实的品质。

2. 疏剪

将一年生或多年生枝从基部全部剪除，称为疏剪。对于梨树的干枯枝、病虫枝、过密大枝、重叠枝、交叉枝、无用的徒长和竞争枝，以及影响光照的发育枝等，用疏剪的方法进行处理以后，可以节省营养消耗，改善通风透光情况，从而提高果实的品质和产量。

3. 缓放

缓放，又称长放或甩放。即以一年生枝条，包括直立枝、延长枝、斜生枝和单轴延伸枝，不加修剪，任其自然延伸生长，称为缓放。缓放可减缓枝条的顶端优势，使树体的萌芽率提高，使中、短枝数量增加，促进早成花、早结果。因此，缓放是梨树修剪中必不可少的方法。缓放多用于对幼树或旺枝的处理。

4. 变向

人为地改变枝条生长的方向和角度，称为变向。对梨树通过采取撑、拉、拿枝软化、开角、背后枝换头和夏季扭梢等手段，可以改变它的极性生长位置，有利于缓和生长势，增加枝量，促进树体扩冠和早花早果。

5. 回缩

对多年生枝段进行短截，称为回缩。回缩，又称缩剪。是梨树修剪时常用的一种方法，适用于多年生枝或衰弱枝，有利于复壮树势，缓解辅养枝与主、侧枝间的矛盾，提高花芽质量，增大果个，实现立体结果。回缩修剪，有下垂枝组回缩、促壮枝组回缩、背后换头回缩、大型枝组回缩、单轴延伸过长枝组回缩、并生交叉枝组回缩、过大辅养枝回缩和大树落头回缩等多种方式。

6. 短截

将一年生枝剪去一部分、保留一部分的修剪方法，称为短截。根据去枝程度的不同，短截又分为轻短截、中短截、重短截和极重短截四种方法。程度不同的短截，所起的作用不同，具体运用的对象也不同。

轻短截，是仅仅剪去一年生枝条的 1/4 左右，剪口芽一般为弱芽或次饱满芽。可促进芽的萌芽，形成较多的中短枝和叶丛枝。中短截，是剪去枝条长度的 1/3 ~ 1/2，剪口芽多为饱满芽。可提高萌芽率和成枝率，促进生长势。重短截，是剪去枝条长度的 3/4 左右，剪口芽多为枝条下部或基部次饱满芽。极重短截一般在枝条基部瘪芽处短截，可促进基部隐芽萌发。正确运用上述四种短截，是梨树修剪中的重要内容。

7. 摘心

在生长季，摘除梨树新梢最顶端的幼嫩部分，称为摘心。进行操作时，可根据具体的摘心目的，来决定摘心的时间、次数和去除新梢的适宜长度。

8. 环剥与环割

环剥，又称环状剥皮，是指按被剥枝粗度的 1/10 ~ 1/8，去掉一圈皮层。它是果树夏季修剪的一种方法。对梨树枝条进行环剥，由于暂时切断了有机营养的上下通道，剥口以上部分积累的营养物质较多，可明显地促进花芽形成、提高坐果率和增进果实的品质。为提高梨树的坐果率，可在盛花期进行环剥。为促进梨树的花芽分化，宜在 5 月下旬至 6 月上旬进行环剥。对梨树的强旺枝进行环剥，可将它培养成枝组。环剥适用于梨树的生长旺盛、成花少或坐果率低的辅养枝或枝组。

环割是在树干上将皮层转圈切透一圈或几圈，但不剥下皮层。环割具有提高萌芽率，促进花芽分化的作用。相邻割环之间的距离，一般应在 10cm 以上。粗旺枝割环间的距离可以小一点。距离越小，作用越明显。该方法与环剥相比，环割的作用强度小一些，但安全可靠。环割与环剥只能用在强树、强枝、壮枝和直立枝上使用，在弱树和弱枝上不能使用。

在不同的时期进行环割，其割后效果不一样。如要提高萌芽率，则常在萌芽前环割。如要提高坐果率，则多在花前一周或初花期进行环割。如要促进花芽量多，并分化成好花，则常在落花后 30d 内进行环割。一般每次只能环割 1 ~ 2 道，不能多道，而且不能在上次伤口上重复进行环割。

三、常用树形

目前，梨区生产中整形修剪常用的梨树树形，有大中冠栽植的主干疏层形和三挺身形，密植栽培的小冠疏层形、单层高位开心形、纺锤形和倒"人"字形，以及棚架栽培的杯状形等。各种树形梨树的栽植密度和树体结构特点也各不相同。

四、幼树的整形修剪

梨幼树的整形修剪应遵循"随树作形，适度轻剪"的原则。要结合所选择树形的基本要求，灵活运用修剪的综合技术，采用多轻剪，少疏枝，对骨干枝、延长枝头进行中短截的方法，促发枝条生长势，培养和选留各级骨干枝及结果枝组，建立牢固的树体骨架。

要及时拉枝开角，调整枝干角度和枝间主从关系，平衡树体生长势，促进花芽形成。要充分利用辅养枝和竞争枝等，尽快增加枝叶量，迅速扩大树冠，为早成形、早结果、早丰产、增进果实品质奠定基础。现将不同树形的整形过程及修剪方法如下。

第一，栽后进行定干，一般80cm高剪干。

第二，进行第一年夏季修剪，及时去除萌芽和对竞争枝摘心。

第三，选留中心主干及主枝。

五、成龄树的修剪

成龄后的梨树已进入果实产量的高峰阶段。其树形、树冠、结果枝组的培养已基本完成，生长势趋于稳定，花芽形成多，产量逐年增加。如不注意及时调整，极易导致树势衰弱和果实品质低劣。因此，该时期修剪的主要任务是，调节生长与结果的矛盾，控制结果数量，保证一定新梢生长量，维持各级枝组生长健壮，保持树势中庸；同时注意控制树体高度，调整主侧枝及各类枝条的数量，保持适宜的叶幕层距离，改善树冠内通风透光条件。这样，才能保证梨果高产、稳产和优质。

（一）控制树高，适时落头

进入盛果期的梨树，树势已基本稳定。对于盛果期梨树，可根据栽植密度和所采用不同树形的要求，适时掌握落头的时期、部位及落头程度。如对于生长势均衡的梨树，可一次落头到位，而对于上强下弱的树，落头时可先对旺长部分于生长季环剥或环割，待生长势趋于稳定后再行落头，防止因落头操之过急、方法不当或过重，而导致上部旺长。

（二）郁闭树的修剪

梨树进入盛果期后，由于各类枝条过大、过多，常导致层间不清、光照不良、树冠郁闭等现象的发生。因此，应及时对枝条进行调整。如对中心干的辅养

枝和密集枝，可分批疏除或回缩，将其改造成结果枝组。对树冠内着生的徒长枝，除位置适宜的可改造培养成结果枝组外，其余的应全部疏除。要回缩主枝背上直立枝和无生长空间的辅养枝。对于行间郁闭树，可将主枝延长枝进行回缩，使行间保持1~1.5m的距离。对以后的新主枝头，要采用放、缩相结合的手法进行处理。从而解决树冠郁闭、光照不足的问题。

（三）重叠、交叉枝的修剪

梨树骨干枝上着生的各类较大枝条，经过连年分枝后，在树冠外围常出现重叠和交叉现象，使树冠密挤，叶幕层过厚，内膛枝组容易衰弱等。冬季修剪时，应对其方向不适宜的枝条进行缩剪，改变其生长方向，使其留有空间，错开生长。对于过度下垂枝，应通过回缩抬高角度，打开光路，改善通风透光条件。

（四）骨干枝延长枝的修剪

对各级骨干枝的延长枝要适度轻剪，短截程度视枝条强弱而定。一般长30~50cm的枝条，可剪去1/4；长50cm以上者，剪留30cm左右。这样，可抽出良好的新梢和一定数量的短枝。如短截过重，只抽较强新梢，而形成短枝梢，这在盛果期大树上表现明显。

（五）调整主枝角度的修剪

对盛果期大树，在冬季修剪时，要注意调整主枝角度。这是使盛果期大梨树保持合理树形，延长盛果时期的重要修剪措施。由于分枝的增多，易出现主枝方向错位，或由于结果不均衡，造成主枝间角度不一致等。解决的方法是，对于主枝方向错位的，可在主枝上选方向较好的枝条，调整方位；而对于主枝角度不合理者，可采用换头的方法，利用背下枝或背上枝进行调整。

对长放过长、延伸过长、长势衰弱的大、中型结果枝组，要及时回缩到壮枝处。这是维持梨树结果枝组健壮、丰产状态的有效修剪措施。如需短截，则应用壮芽带头，以增强其长势，维持良好的结果能力。对小型枝组抽生的果苔副梢，应遵循"逢三去一"的原则，以免重叠和交叉。对短果枝群修剪时，应去弱留强；下垂枝要上芽带头，回缩复壮，在每个短果枝群结合破花芽修剪，按"三套枝"配备，使之1/3枝结果，1/3枝形成花芽，1/3枝形成长枝，使之交替结果。对于单轴延伸过长而没有发展空间的枝组，可采用"齐花剪"或"戴帽剪"的方式进行处理，以保持健壮的生长势。

第五节　提高梨果品质的措施

一、开花与结果

（一）花芽及其着生部位

梨的花芽为混合芽，即芽内除有花器官外，还有枝叶。因此，花芽萌发后，既能开花结果，又能抽生枝叶（果苔副梢）根据花芽在着生部位上的不同，可将其分为顶花芽和腋花芽。顶花芽是梨树主要的结果花芽。腋花芽的形成及其结果能力，因品种而异。一般顶花芽质量高，坐果好。

在春季平均气温上升到5℃以上时梨的花芽就迅速膨大，芽子鳞片错开，进入萌动候期。从芽萌动至芽开绽，一般需要20余天，而从现蕾至开花只需5~7d。

（二）梨花花序

梨花的花序为伞房总状花序。开花顺序是边花先开，自下而上的依次开放。一个花序的花朵数量变化较大，不同品种间一个花序中的花朵数量，从3~5朵至10余朵不等。其花朵由花瓣、花柱、柱头、子房、花丝、花药、萼片、花托和花梗构成。

（三）授粉与受精

梨花的花粉落在柱头上，萌发花粉管，伸长达到胚珠，使花粉中的精子进入其中与卵子结合，形成胚珠，并发育成种子，这个过程称之为授粉与受精。梨花的授粉与受精不仅受外界条件影响，即低温、阴雨潮湿和大风会对其产生不利的影响，而且也受其内在因素的制约。梨树多数品种的花粉给自己的柱头授粉后，不能完成授精过程，因而其花朵不能发育成果实而造成落花。这种现象叫做"自花不实"。如果其他品种的花粉授粉，则能完成受精过程，花朵可以发育成果实。这种现象叫做"异花授粉结实"。

梨的每一朵单花有受精能力的时间约为3d，但以花开当天和第二天授粉的受精能力最高。因此，人工辅助授粉应在初花期后1~2d内进行。

（四）果实

梨花经授粉受精后，子房和花托膨大，形成幼果。幼果开始生长发育，花托发育成果肉，胚珠发育成种子，花梗成为果梗（果柄）。雄蕊枯萎脱落，花萼脱落或宿存。随着生长期的延长，果实越来越大，以至最后成为成熟的果实。果实的大小与细胞的构成，在不同品种间是有差异的。在同一品种之中，果实的大小和细胞数的多少，决定于营养状况的好坏。当年营养状况好，分裂的细胞数量多，细胞膨胀得大，果实也就个大。梨树疏果如图5-5所示。

图5-5　梨树疏果

二、预防晚霜

梨树的开花期多数在终霜期以前，而大多数梨品种的抗冻能力均在花期为最低。以鸭梨为例，花期中的受冻临界温度分别为：现蕾期为 -4.5℃，花序分离期为 -3℃，开花前 1~2d 为 -1.1~1.6℃，开花当天为 -1.1℃。而花的各部分器官中，以雌蕊最不耐寒。所以花期如遇晚霜危害，首先受害的是果实的来源——雌蕊。雌蕊受晚霜危害以后，将直接影响产量，霜冻严重时甚至绝收。即使是在幼果形成以后出现霜冻，亦会造成果实畸形，影响果实外观和商品价值。梨园常用的防霜措施如下。

(一) 春季浇水与喷水

通过浇水或喷水，可降低土壤温度和树体温度，达到延迟萌芽和开花的目的。

(二) 树体喷白

在梨树发芽之前，将树干涂白，或者将树体喷白，可有效减少树体对太阳热能的吸收，减缓树体温度的回升速度，从而起到延迟开花，使梨树花期躲开晚霜危害的作用。

(三) 熏烟防霜

梨园熏烟的作用是，减少地面热能的散发，提高地温，并且其烟雾颗粒物可吸收水分，使水蒸气因凝成液体而释放热能，提高气温。这种措施，只能在最低温度不低于 -2℃ 的情况下才能采用。方法是，根据天气预报，在霜冻来临之夜，将备好的熏烟物堆放在上风头，工作人员于梨园守候，待温度骤降至 0℃ 时点火熏烟。一般熏烟 1h 能提高气温 1.1 ~ 1.5℃。

（四）受冻后管理

当出现梨树花芽受冻后，应立即向花朵喷洒 20 000 倍的赤霉素溶液，或 33 000 倍的生长素溶液，进行补救。同时，对梨树加强肥水管理，使之增强恢复能力。

三、疏花疏果

对梨树科学疏花疏果，不仅能改善果实品质、增大果个，还能增强树势，延长梨树的经济寿命。同时，还可有效地控制隔年结果现象的发生。

（一）疏花

1. 实施标准与时机

在冬季疏除过多结果花枝和春季前复剪的基础上，当花枝量仍超过全树总枝量的 50% 时，即需进行疏花。疏花的适宜时间，是从花蕾分离到开花前。疏花过早，易将果苔枝一并疏除或伤及果苔枝，以致影响翌年的产量；疏花过晚，花朵完全开放，既浪费树体营养，又降低工作效率。

2. 操作方法

根据品种、树势和花量等因素，首先疏除弱花序、病虫害花序、弱枝花序、延长枝头花序和枝杈间花序，再按计划留果数等距法疏除多余花序。有晚霜危害地区保留花序不疏除花朵；而在花期无晚霜及大风阴雨天气的地区，可在疏花序后再疏花，一般每花序留一二朵健壮的边花。

（二）疏果

花朵受精后经过两周，已基本可以判断是否坐果。因此，适宜疏果的时间，为谢花后 10 ~ 20d。在此时间之内，必须完成梨树的疏果工作。

1. 疏果时的留果量

留果量可通过叶果比、枝果比和干截面积等来确定。叶果比，一般中、小型果为 25 ~ 30 : 1，大果为 35 ~ 40 : 1。枝果比一般为 3 ~ 5 : 1。还可以根据主干周长或截面积来计算留果量。但是，最易于掌握的，是以幼果间距离确定留果的方法，一般在大型果间距 25 ~ 30cm、小型果间距 20 ~ 25cm 为宜。

2. 疏果方法

首先，疏除病虫危害果、纵径短的扁形果。经多年观察表明，从花基部数

起，选留第二或第三个果，所发育的果实个大形正，果柄较长，便于套袋管理。

果实大小及含糖量，与果枝粗度有关，果枝粗的果个大、含糖量高。因此，粗果枝上可以多留果，细果枝上可以多疏果。

四、套袋增质

我国的梨果市场竞争日趋激烈。其中，除品种因素外，更主要的是果品的质量和无害化程度的高低。套袋虽然使果实含糖量下降，但可提高果实的外观质量，减少农药残留，是生产优质梨的一项重要措施。要增强梨果在市场上的竞争力，就要做梨果的套袋增质工作。

（一）梨袋种类

现在生产上用的梨袋种类繁多。不同种类的纸袋会造成袋内微环境（光照、温度、湿度）的差异。进而对果实的色泽以及内在品质产生重要的影响。

（二）套袋时间

一般在生理落果后套袋，越早越好，一般多在落果后 15d 左右进行。套袋过晚，果面易形成斑点。丰水、圆黄等褐皮梨品种，套袋晚时果面也能形成斑点，但由于果皮为褐色，故影响外观程度较轻。因此，在一个梨园内进行果实套袋工作时，应先套绿皮梨品种，再套褐皮梨品种。

（三）套袋前的管理

在认真做好疏花疏果的基础上，套袋前要加强病虫害的防治，但应避免喷布容易诱发果锈的药剂。喷药后，待药液干燥时，立即套袋。要求随喷药、随套袋，当天喷药，最好当天套袋完毕，以免果袋内产生病虫害。

套袋前，将整捆果袋用单层报纸包住，放于潮湿处或用湿土埋上；也可于袋口喷水少许，使之返潮、柔韧，以便于使用。操作时，袋口要扎好，不能扎成喇叭口状，以防喷农药时流入袋内发生药害。套袋后梨果应在袋内悬空，不要靠近袋底或袋壁，防止摩擦果面产生锈斑。

第六节　梨树的主要病虫害防治

一、黑星病

黑星病主要危害叶片、果实和新梢，也危害叶柄和果柄等。叶片发病，先在背面产生墨绿色至黑色霉斑，有时也产生在叶片正面；与这对应的另一面，初为淡黄斑，黄斑多时呈花叶状，后期变褐枯死。可致早期落叶。

防治黑星病的药剂种类很多，应根据不同药剂特点合理搭配，交替或混合使用。常用有效药剂有80%必得利可湿粉剂800～1 000倍液，80%大生M－45可湿粉剂800～1 000倍液，10%世高水分散粒剂4 000～5 000倍液，12.5%烯唑醇可湿粉剂2 000～2 500倍液，12%腈菌唑乳油2 000～2 500倍液，40%福星乳油8 000～10 000倍液（酥梨幼果期慎用），40%黑星必克可湿粉剂800～1 200倍液，以及1∶2～3∶200～240倍波尔多液（幼果期和采收前不宜使用）等。

二、黑斑病

黑斑病主要危害叶片，有时也可危害果实。叶片发病，初时产生黑色小斑点，稍后发展为黑色圆形病斑，病斑颜色较均匀，单生或多个散生。中期病斑圆形或近圆形。中部色浅，呈褐色；边缘色深，呈黑色或黑褐色。后期病斑较大，中部灰白色，边缘黑褐色，有时成轮纹状，病斑多时，后期常联合成不规则形，使叶片凹凸不平，甚至破碎。严重时，造成早期落叶。

防治技术：从初见病叶或雨季到来前开始喷药，隔10～15d 1次，连喷4～6次。雨季用药是该病药剂防治的关键。常用的有效药剂有：80%大生M－45可湿粉剂800～1 000倍液，80%必得利可湿粉剂800～1 000倍液，以及1.5%多抗霉素可湿粉剂300～400倍液等。在生长后期，可喷施70%代森锰锌可湿粉剂1 000～1 200倍液，但应缩短喷药间隔期。

三、轮纹病

轮纹病主要危害果实与枝干。果实发病，多在采收后7～25d时出现，少数品种也可在采前发生。以皮孔为中心，先形成近圆形水渍状小褐斑；病斑扩大后，表面颜色深浅交错，呈同心轮纹状。病组织成淡褐色软腐，可直达果心。后期，病斑表面可散生小黑点。一果可产生多个病斑。套袋果病斑表面可产生灰白色菌丝层。

防治技术：一般落花后7～10d开始喷药，隔10d左右喷一次。喷药应在雨前进行。一般果园全年需喷药6～8次。常用有效药剂有80%大生M－45可湿粉剂800～1 000倍液，80%必得利可湿粉剂800～1 000倍液，87%疫霜灵可溶粉剂600～800倍液，以及多菌灵、甲基托布津、代森锰锌和波尔多液等。在幼果期，不要使用波尔多液及代森锰锌，以免发生药害。梨果套袋前，以喷施必得利及大生M－45为最佳。

四、褐腐病

褐腐病只危害果实，造成果实腐烂。多从近成熟期开始发生。先在果面上产

生褐色圆形水渍状小斑，后病斑迅速扩大，呈褐色至黑褐色，并从病斑中央逐渐长出灰白色至灰褐色的小绒球状霉丛，常呈同心轮纹状排列，有时呈层状或不规则形排列。病果软烂多汁，受震极易脱落，落地成烂泥状。病果多数早期脱落，少数残留在树上，最终成为黑色僵果。

防治技术：从果实成熟前一个半月开始喷药，隔 10～15d 一次，连喷 2～3次，可有效控制褐腐病的发生。常用有效药剂，有 50%扑海因可湿粉剂 1 000～1 500倍液，50%速克灵可湿粉剂 1 000～1 500倍液，以及甲基托布津等药剂。及时防治蛀果害虫，避免造成果实伤口。

第六章
桃树栽培技术

第一节　桃树品系及其主要品种

桃树是我国的重要果树之一。桃的营养丰富，风味优美，外形美观，除鲜食外，还可以加工成糖水罐头、桃脯、桃酱等。桃的供应期较长，从 6 月到 11 月间都有新成熟的桃上市，大多数品种集中在 7—8 月间逐渐成熟，恰好填补樱桃、枇杷、杏、杨梅、草莓等供应之后，苹果、梨、葡萄等尚未成熟之前的水果供应淡季。因此，种好桃，做好果品的周年供应，对于提高人民生活，增强人体健康，增加果农的收益，有着重要意义。

桃树的栽培品种很多，全世界有 3 000 个以上，仅我国就有约 800 个。根据桃树的分布，结合其特征、特性，大致可分为下列几个品系。

一、北方品系

原产我国华北、西北一带的地方良种都属于这个品系，例如山东的"肥城桃"，河北深县的"深州蜜桃""鹰嘴桃"，北京的"五月鲜"，济南的"梁山桃"，益都的"水蜜桃"，陕西的"渭南甜桃""商县冬桃"，甘肃天水的"齐桃"，临泽的"紫桃"，兰州的"迟来桃"，以及"和尚帽""大叶白桃"等都是北方品系中的有名品种。

二、黄肉桃品系

本品系的桃肉为黄色，肉质致密而硬。其中，多数品种是罐藏的优良品种。黄肉桃性喜肥沃而较黏的壤土，如果栽培在沙质土壤上，所生产的果实品质差，涩味重。黄肉桃中大多数品种幼树的芽易受冻害，进入盛果期后的成年树芽的耐寒力有所增强。

黄肉桃的主要栽培品种有："晚黄金"，甘肃宁县的"黄甘桃"，陕西礼泉的"黄甘桃"，陕西武功的"黄肉桃"，辽宁大连的"连黄"、"橙黄"以及从国外

引进的"阿尔巴特"和"菲利浦"等品种。

三、蟠桃品系

蟠桃是普通桃的一个变种，主要分布在上海以南，浙江省的沿海地区，如杭州、嘉兴、宁波以及江苏等地的夏季高温多湿地区。树性近似南方品系，果实扁圆形，果肉柔软多汁，肉色有白、红、黄三种，味甜，离核、黏核皆有。其中，主要品种有：上海的"撒花红蟠桃"，江苏太仓的"早熟蟠桃"，浙江宁波的"长型蟠桃"等，此外有北京的"五月鲜扁干"，新疆的无毛"油蟠桃""黄肉蟠桃"以及"美国蟠桃"等。油蟠桃如图6－1所示。

图6－1　油蟠桃

四、油桃品系

油桃是普通桃的一个变种，主要特点是果实表面光滑无毛。在我国新疆、甘肃等地栽培最多。主要栽培品种，如"喀什花油桃"，"甜仁李光桃"甘肃"紫胭桃"和"李光桃"等。

北京市农林科学院林果研究所长期从事桃杂交育种工作，在油桃方面培育出早熟的早红珠、丽春、丹墨和瑞光1号；中熟的油桃品种有瑞光5号、瑞光7号、红珊瑚、瑞光11号、瑞光18号和瑞光19号；晚熟的油桃品种有瑞光27号和瑞光28号等一系列的优质油桃新品种。在蟠桃方面，培育出瑞蟠2号、瑞蟠3号、瑞蟠4号和瑞蟠5号等优良品种。中国农业科学院郑州果树研究所也培育出一些桃新品种，如曙光、华光、艳光、中油系列和早黄蟠桃等。甘肃省农业科学院园艺研究所也培育出早硕蜜和奎蜜等优桃品种。

第二节　桃树建园

桃树喜在光照充足，土壤疏松和地下水位低的土地生长。栽培时选择高燥的砂质土壤或砾质土壤为宜，对于地下水位较低、有机质含量高、排水良好的黏性土壤也可栽培。

一、选地

最好选阳光充足、地势高燥、土层深厚、土质疏松、水源充足、排水通畅的地块建立桃园。

二、种植密度

桃树的栽植密度，因砧木种类、品种特性、地势、气候、土壤、整形及管理方式等因素而定。一般平地可按 3m×4m 的株行距定植，山地 3.5m×2.5m 较为适宜。近年有逐渐缩小栽植距离的趋势，尤其是利用矮化砧栽植距离可适当缩小，以达到早产早丰的目的。

三、桃树栽植

桃树栽植（图 6 – 2）以春季为宜，秋季也可栽植。穴宽 80cm×100cm，深50cm 左右。

图 6 – 2　新定植的桃树（塑料筒套干提高成活率）

四、提高结实率

某些花粉少的桃树自花授粉差，如新白花、安农、红艳露、砂子、早魁露须配雪雨露、玫瑰露、大久保、大观1号作授粉树。某些品种混栽两个以上可交叉授粉，提高结实率。

第三节　桃树的开花结果习性

桃树定植后，一般要经过2~3年开始结果，6~7年进入盛果期。如果利用副梢整形，盛果期可以提前。桃树盛果期一般延续15年左右，如能满足肥水要求，给以科学的细致修剪，盛果期可保30余年；如果粗放，盛果期只能维持5~10年。

桃树的花芽为纯花芽，一个花芽内只开一朵花。也有例外，一个花芽开两朵花。如"撒花红蟠桃"等。桃树花芽侧生枝条的节上，有的单生，叫单花芽，有的由数个花芽成组集合着生在同一节上，叫复花芽。单花芽、复花芽在果枝上分布的规律与营养状况好坏有关，营养条件较差的短果枝、花束状结果枝，多数是着生单花芽；长果枝、中果枝的营养条件较好，多数形成复花芽。从长果枝本身看，芽的分布也不一致，中、上部着生复花芽，或花芽和叶芽并生的复芽。基部着生发育的叶芽或盲芽。有些品种在中、长果枝的基部也有2~3节并生的复花芽，如"晚黄金"和蟠桃等。桃树的单芽有的是花芽也有的是叶芽；复合着生的芽是由花芽和叶芽混合组成，也有全是由花芽组成的。一般以两个花芽夹一个叶芽的复芽为多。桃树花芽绝大多数是当年形成，下一年春天开放。桃芽萌发力很强，只有少数潜伏下来作为隐芽。花芽萌发后开花结果，在开花结果的枝条上，基部的叶芽萌发后常常长成叶丛枝，不能抽生长枝；中部叶芽萌发后可以长成弱短枝，只有靠近枝条顶部的叶芽才能长成旺盛的长枝，当年形成花芽，下年结果，同时在它的顶部再长新长枝，因此，结果部位逐年上升。由于桃树隐芽寿命短，多数是第二年不萌发即死亡（个别隐芽能潜伏10年），因此，多年生枝下部萌发新枝较难，造成树冠下部光秃无枝。桃树盛花期如图6－3所示。

树冠下部光秃无枝，如及时缩剪能促使隐芽萌发，增加枝量。

桃树可靠结果枝，如前所述，南方品种群以较长的枝条结果为好，而北方品种群则以较短的枝结果可靠，这可能与树体生长强旺有关。如"深州水蜜""肥城桃"主要是依靠短的果枝结果，在结果的初期，树体上虽然能见到长果枝，但坐果率低，已结下的果实发育不良，易形成"桃奴"（小型果），在盛果期的大树上，长果枝、中果枝上都可见到"桃奴"。

图 6 - 3　桃树盛花期

第四节　桃树的整形修剪

一、桃树的整形

我国栽培桃树最早的树形多是放任开心形或自然丛状形。果树工作者在生产科研中创造出自然开心形整枝法。这种树形吸取了丛状形和杯状形的优点，克服主枝易劈裂、结果平面化等特点，同时解决了树冠既要开张又需保护主枝的问题。有利于树体生长和产量提高，是当前管理比较容易而丰产的树形之一。

此外，在生产实践过程中，为了改良杯状形而创造了自然杯状形。近年来在生产上也得到广泛应用。

（一）定干和主枝配置

定干是通过剪截幼苗中心枝确定主干高度。主枝配置只谈开心形的主枝配置。

桃树幼苗定植后，在距离地面 30～60cm 处剪截定干。树冠开张的品种定干应高些，直立的品种可以低些。

定干高低能左右主枝配置位置的高低，主枝位置高则主枝生长势弱，树冠较

小，适于密植，主枝配置的位置低，则主枝的生长势强，树冠较大。因为定干的高度，即是确定主枝着生的高度，进而影响树体大小。因此，确定定干高度，应根据品种生长势强弱，土壤肥瘠，栽植距离大小以及管理方便等综合因素而确定。即具有生长势旺、土质肥沃、株行距小等条件则定干应高；反之，生长势弱、土质不肥沃、株行距大等，定干应低。一般南方品种群生长势较弱，主干可以低些；北方品种群以及来自欧洲的多数品种生长势强旺，定干应高。

定干之后，在靠近主干顶端分生 3~4 个主枝，主枝在主干上常采用错落排列，如果着生主枝的这一段整形带长，即是第一个主枝和最后一个主枝距离较远，会使下部的主枝生长势增强，上部主枝生长势削弱。如果选 3 个邻接的芽培养三个主枝，就不会出现 3 个主枝生长势不平衡的现象，但是，3 个主枝着生在主干的同一点上，结构不牢固，主干容易劈裂，这是很大的缺点，为了克服这个缺点，可采用"邻接"与"邻近"结合排列，以上侧两个主枝邻接，下侧一个主枝邻近排列为好；如果颠倒过来安排主枝会产生严重的"卡脖"现象。采用长整形带配置主枝，即主枝之间有一些距离，主枝的结构牢固，养分输导畅通，但要注意上下几个主枝的生长势平衡，防止下强上弱，如采用在弱主枝（上部主枝）上选留侧枝，缩小主枝的开张角度或者适度地加强施肥、改良土壤等管理措施，也可达到上下主枝间生长势平衡。确定整形带后，在带内选留十几个饱满芽，春季萌发生长新梢，长约 2cm 时，把整形带以下的芽全部抹掉，在新梢生长约 10cm 时，选留壮枝，疏掉弱枝和双发枝，在新梢长到 20cm 时，选留着生部位适合的壮枝 4~6 个，余者疏掉，在新梢生长约 30cm 时，选定永久性枝，即是主枝。

生长旺盛的苗木可在苗圃内进行主干摘心，促使萌发粗壮的二次枝（副梢）作为主梢。摘心的时间和摘心的高度要合适，摘心时间过晚，发出的副梢弱，摘心过早发出副梢的开张角度小，一般在苗高约 80cm 时摘心。留下 60cm。摘心后萌发数条副梢，选留着生位置、开张角度合适的 3~5 条副梢培养主枝，其余的副梢留 2~4 片叶短截，待发出三次枝（二次副梢）生长到 60~70cm 长时，留长约 20cm 摘心，如条件好还能萌发三次副梢并能生长充实。

（二）树冠的开张角度与冠幅大小

桃树树冠的开张角度差别很大，有着立、半开张和开张 3 种类型。直立型品种极性明显，造成上部枝条生长旺盛，下部枝条弱小，树冠上强下弱，下部缺乏枝条而光秃不结果；树冠开张型品种，着生在主枝上、下各部位枝条生长势差异较小，但到盛果期时主枝易下垂衰弱，应注意缩小主枝的开张角度。一般北方品种群的桃树多属于直立型的，而南方品种群的桃树多属开张型或半开张型。直立型品种整形时，主枝的开张角度应大，以45°~50°为宜。半开的可保持在40°~45°，开张型的以35°~40°为宜。整形时主枝开张角度无论是调整到35°或50°，到成形后要求主枝的开张角度保持在45°~50°，即是直立型品种要注意加大开张角度，开张型品种要注意缩小主枝的开张角度，才能保持所要求的角度。主枝的开张角度保持在45°~50°时，主枝上着生枝条的生长势比较均衡，上部、下部的枝条旺长和衰弱、光秃的现象能得到时缓和。不同品种主枝的开张程度在幼树期虽有差别，但表现不太明显，为便于在整形初期就能着手调节开张角度，需对不同品种的主枝开张角度的大小加以了解。除了主枝开张角度大小和主干高低能左右树冠的大小之外，桃树树冠大小因品种不同而各有差异，据作者归纳，以盛果期树冠最大为准。

（三）桃树的树形及其整形要点

桃树的树形种类很多，不能一一介绍，现将我国生产上应用较多的丰产树形和国外比较新颖的树形介绍如下，仅供生产者参考使用和树形研究者参考。

1. 自然开心形整形要点

自然开心形也叫开心自然形，是国内外生产果园使用较多的树形之一，这种树形是根据桃树中心干衰弱自然开发的特性，在相近的一段主干上选留2~4个主枝，主枝上配置4~6个侧枝而构成的一个开心的自然形。

（1）定干和培养主枝。幼苗定植后距地面30~60cm处剪截定干，剪口下留15~30cm作为整形带，在带内培养2~4个主枝。自然开心形培养主枝的方法有三种：第一种是利用主干上萌发出的一年生新梢或当年生的新梢，从中选出着生距离适宜、方位角分布比较均匀的作为主枝，在第三主枝以上把中心枝剪掉；第二种方法是选几个距离合适，方位角好的一年生枝或当年生副梢，作为下部主枝，中心枝不剪掉，人工拉向空缺主枝的方位，使其具有一定的开张角度，作为最上部的一个主枝；第三种方法是定干后在主干上选两个距离较远的良好主枝，把中心枝剪掉，当年夏季在第二主枝近基部处，按第三主枝着生位置选发育健壮，方位好的副梢作为第三主枝。这样培养的主枝着生距离较好。在选定永久性主枝的同时，要调整好主枝的方位角和开张角。开张角度按品种特性要求调整成35~50°，其余的枝条摘心、别枝培养成辅养枝。

自然开心形主枝的方位角各占120°，均匀分布（图6-4）。各主枝的开张角度大小可以不必一致，向北侧生长的或向梯田壁生长的主枝最好是顶端的第三主枝，因所处的枝位高，本身的生长势较弱，因此可缩小该主枝的开张角度，增强生长势，一般可定为40°~50°；向南侧或者梯田壁生长的主枝，最好安排为第一主枝，本身生长势较强，开张角度应加大到70度左右，因该枝位于南侧，枝条比较开张，有利于透光；第二主枝开张角度约为50°~60°。这样的三个主枝的开张角度是从大到小，所以三个主枝的叶的叶幕上错开，改善了树冠的通风透光条件。

自然开心形邻近的三个主枝，因所处的枝位高低不同，而引起主枝本身的生长势强弱不同。通过上述调整各主枝开张角大小不同平衡树势，即是强枝加大开张角，缓和生长势；弱枝缩小开张角，使主枝比较直立，可增强生长势。这样可以起到平衡树势的作用，有时存在上部主枝生长势比下部的主枝弱，树势达不到比较满意的平衡。因此，在各主枝上配置第一侧枝时，还要考虑到平衡树势，已知侧枝距主干远的比距主干近的能缓和该主枝的生长势，因此，第一主枝生长势强，第一侧枝的位置应安排在距离主干比较远的位置上（100cm以外），第三主枝的生长势比第一主枝、第二主枝都弱，要该主枝上的第一侧枝安排在靠近主干处（60~70cm），第二主枝的生长势居中，所以，它的第一侧枝应安排在比第一主枝的近，比第三主枝的远（80~90cm）的部位上。

图6-4 三主枝自然开心形

在当前生产果园中，自然开心形各主枝的开张角度是相同的，各主枝上第一侧枝配置距离也是相同的。开张角度大小因品种不同而异，如前所述。

（2）第一年冬剪。定干后的幼树生长一年，经过生长期的培养和修剪，已定下主枝，冬剪时主枝需要短截，剪留长度按枝条生长势强弱，分别剪去全长的

1/3 到 1/2。以生长发育正常的苗木为例，剪后留下的枝条长度约 50cm，剪口芽留外芽，第二、三芽留在两侧。对于树冠直立的品种，为了使树冠开张，第二芽也留外芽（采用抹芽的方法使下部外侧芽变成第二芽），利用剪口下第一芽枝把第二芽枝"蹬"向外侧，把第一芽枝剪掉，留下"蹬"开的第二芽枝作主枝的延长枝（背后枝换头），加大主枝的开张角度，使树冠开张。

第二年春、夏季，当主枝延长枝生长到 50cm 左右时，在 30cm 处摘心，促使萌发副梢增加分枝级数。摘心后的顶芽要留外芽，便于培养延长枝，摘心后副梢萌发过密，应疏除密枝。待留下的副梢生长约 40cm 时，再给副梢摘心。

（3）第二年冬剪。主枝延长枝短截，剪去全长的 1/3 ~ 1/2，剪留长度 40 ~ 50cm。同时选留侧枝，第一侧枝留在距主干 50 ~ 60cm 处，侧枝与主枝之间的分枝角度 50° ~ 60°。向外斜侧伸展，剪留长度比主枝延长枝稍短。在每个主枝上可选留 1 ~ 2 个结果枝，按不同类型果枝的要求给以短截。

夏季，主枝延长枝长到 50 ~ 60cm 时摘心，在新萌发的副梢中选主枝延长枝和第二侧枝。第二侧枝距离第一侧枝 30 ~ 50cm，伸展方向与第一侧枝相反，也是向外斜侧生长，分枝角度 40° ~ 50°。余下的枝条（包括旺长的副梢）生长到 30cm 以上时给以摘心，促使形成花芽。

（4）第三年冬剪。桃树定植后两年，经过缓苗，生长势转旺，枝条生长量加大，主枝延长枝剪留长度应比上一年稍长，原则上仍然是剪去全长的 1/3 到 1/2，实留长度约 60 ~ 70cm。

如果上年夏剪未培养出第二侧枝，这次冬剪要选留第二侧枝，具体要求与上年夏剪用副梢培养侧枝同，剪留长度比主枝的剪留长度稍短。初步形成的结果枝组修剪要短截疏密促使分枝扩大枝组，结果枝比上年适量多留，使结果枝组结构紧凑。结果枝组安排的位置要合适，注意大型结果枝一不要在主、侧枝上的同一枝段上配置两个，以防尖削量过大，使主、侧枝先端生长势减弱，影响树冠扩大。在防止骨干枝先端生长衰弱的同时，要注意防止由于主枝的顶端优势而引起的上强下弱，造成结果枝着生部位上升，如果采用留剪口下第二、第三芽枝作主枝延长枝，使主枝呈折线状向外伸展，侧枝配置在主枝曲折向外凸出部位，可以克服结果枝外移快的缺点。

第四年修剪，已是定植后第五年，这一年的冬季整形修剪与上一年近似，定植后五六年树高 3.5 ~ 4m，已进入成年，整形修剪要维持目标树形。过分开张的主枝、侧枝（副主枝），如"玉露""大久保"和蟠桃树冠开张性强的品种，主、侧枝延长枝的短截量要加重，促使萌发比较直立的旺枝，或者利用徒长枝抬高枝

头，使主枝与中心垂直线呈 40 度左右的开张角。调节好结果枝组间的距离和组内枝条的密度，疏密的程度以有利透光为准。枝组外形以圆锥形为好，伞形不利于透光。留果数量，平均每条中、长果枝结 1.5~2 个即可。

非密植园还需培养第三侧枝，距第一侧枝约 100cm，方位与第一侧枝同侧，开张角度与主枝同。

2. 两大主枝自然开心形整形要点

这种树形一般成形容易，主枝之间易得平衡，树冠不密闭，但幼树整形的头 1~2 年修剪量稍重。

两大主枝自然开心形的主枝配置在相反的两个方向。侧枝配置的位置要求不严，一般在距地面约 1m 处即可培养第一侧枝，第二侧枝在距第一侧枝 40~60cm 处培养，方向与第一侧枝相反。各主枝上的同级侧枝要向同一旋转方向伸展。山地梯田上的桃园，主枝应伸向梯田壁和梯田下侧，侧枝与梯田平行为适。主枝开张角度最终要保持与树冠中心垂直线呈 40 度，侧枝的开张角度要求为 50 度，侧枝与主枝的夹角保持约 60 度。

两大主枝自然开心形为了成形快，可以利用一年生"单条"枝上的副梢培养第一主枝，原主干延长枝拉倾斜 40 度作为第二主枝。但第一主枝生长势弱，应缩小开张角度加强生长势。在以后几年的整形修剪，除继续利用主枝开张角度平衡树势外，还要利用留芽树和留果数的多少来平衡树势。

生长势弱的品种或生长势的个别枝条要注意选留徒长枝加以培养，以改变开张角度，增强生长势。

3. 自然杯状形整形要点

自然杯状形是从杯状形改良而来，特点是下部"三股六杈"（或个别股上不分杈，单条独伸）。六杈以上不再分杈而自然延伸。具体结构：从主干上分生 3 个一级主枝，从每一个一级主枝上再培养 1~2 个二级主枝；培养一个是单条独伸，培养两个的是在顶部平均分为两股杈，以后各枝逐年延长。在培养主枝的同时，再培养几个内侧枝、外侧枝以及旁侧枝。外侧枝分别着生在各级主枝的外侧；旁侧枝为平侧，即是与主枝的开张角度一致，但生长势要比主枝弱；内侧枝是从三级主枝上开始培养。数目不等，有空就留，以互不遮光、互不影响生长为原则。一般控制侧枝垂直高度，以不超过主枝垂直高度的 2/3 为限，一般外侧枝总长度为 100~130cm；内侧枝应稍短些，长度为 80~100cm。各主、侧枝彼此之间的枝头距离应保持 1m 以上。在各主、侧枝上分生结果枝和结果枝组。这种树形枝条较多，光照虽好但不如自然开心形。整形技术较自然开心形复杂，如管理好单株产量高。

自然杯状形的标准形应是"三股六杈"式，如果改用"三股五杈"或"三股四杈"更为灵活，即是在三股一级枝上，不强求分两个杈，可以有 1～2 个一级枝上（即 1～2 个股上）不分枝单条独伸，用侧枝填补空间。

二、桃树的修剪

修剪桃树应按照桃树的修剪特性进行，如生长结果习性，品种的修剪特性，生长势的强弱以及不同年龄时期对修剪的要求等进行修剪，达到改善树体的通风透光条件，调节生长和结果的关系，抑制树冠上部枝条的旺长，增强树冠下部枝条的生长势，控制结果部位不致迅速上移以及衰老枝条的更新复壮。使树体提早结果，延长盛果期的年限，达到丰产的目的。

（一）桃树一年生枝短截反应

一年生枝短截，因剪量轻重不同其剪后反应各异。

中剪剪去一年生枝全长的 1/2，来年萌发的新梢生长势较弱。

重中剪剪去一年生枝全长的 2/3，来年萌发数条较强旺的新梢。这种剪法常用在发育枝或徒长枝作主枝或侧枝延长枝的修剪上。

重剪剪去一年生枝全长的 3/4～4/5，来年萌发数条生长势强旺的枝。这种剪法常用于发育枝作骨干枝延长枝的修剪上。徒长性结果枝、中果枝、长果枝也可用这种剪法。

超重剪剪去一年生枝全长 4/5 以上，来年萌发枝条较弱。这种剪法常用在以发育枝，徒长性结果枝组上。

剪留枝条基部的叶芽，能够萌发出比较旺盛的枝条；短果枝也是如此。这种剪法有时用在剪留预备枝上。

（二）不同枝条的修剪

1. 主枝和侧枝（副主枝）的修剪

树冠直立的主、侧枝的延长枝的修剪，剪口芽留外芽，或利用背后枝换头。

桃树轻剪长放后造成枝条下部光秃，结果部位上移，可采用枝开张角度的方法克服这种缺点。拉枝后需保证被拉枝的生长势，必须对被拉平的枝（70～80°）给以长放，以增加枝叶量，加强其生长势。同时对未拉的枝进行重剪，使枝头降低。削弱其顶端优势。所谓被拉平枝的长放，要求只剪去先端的无芽空枝。剪口留向下的芽。所有的枝条一般不剪，几乎全部保留，未拉平的骨干枝的延长枝剪掉 2/3～4/5，保留长约 30cm，剪口留外芽。如果是主枝很直立，而侧枝特别弱，可在侧枝分杈处以上或者上部的大枝组的分杈上部把主枝全部剪除，使其从剪口

附近重新抽枝，形成新的主枝延长枝，这样可最大量地增强侧枝或大枝组的生长势。

桃树延长枝的生长量与树势有密切关系，强壮树在结果期可长 50cm 以上，并形成副梢；弱树一般只长 30cm 左右，很少有副梢。强壮树骨干枝可剪去 1/3 ~ 2/5，弱树可剪去 1/2 ~ 2/3。在全园树冠交接的前一年，主、侧枝的延长枝全部长放。减弱其生长势，这样使枝顶大部分形成结果枝，延长生长即告结束。

2. 结果枝的修剪

结果枝的剪留长度和密度应根据品种特性、坐果率高低，枝条粗度（挂果能力），果枝的着生部位及姿势不同而有差别。一般成枝力强，坐果率低的粗枝条、向上斜生或幼年树的平生长枝应长留，成枝弱的品种，坐果率高，细枝或下垂枝应短留。

（1）长果枝。着生的长果枝都可选留。密生的长果枝可以疏去直立枝留平斜枝；被疏枝不要紧贴基部剪，可留 2 ~ 3 芽短截作预备枝。长果枝短截一般可留 7 组左右的花芽。剪口芽中一定要有叶芽。

（2）中果枝。中果枝的剪法与长果枝相同，唯剪留长度稍短，留 5 组左右花芽短截，剪口叶芽，结果后仍能发出良好枝条。

（3）短果枝。短果枝可留 3 组花芽短截。但剪口下必须是叶芽；如在第三节上无叶芽、可适当的减少或加多留芽数，剪在叶芽的上侧；如短果枝上无侧生叶芽，则不能短截要全部留下。短果枝密挤时可疏密枝，疏密枝时留基部 1 ~ 2 叶芽，作预备枝。

（4）花束状结果枝。只疏密，不短截。

（5）徒长性结果枝。这类枝条常因本身生长旺盛，消耗养分多，而坐果不牢固，有的虽然座了果，但个体瘦小，然而当年可形成很好的结果枝。徒长的结果枝短截一般可留多组花芽，如能配合好夏季修剪摘心，可取得较好的生长效果。

（6）结果枝的密度。留结果枝数量与品种群的主要结果枝的姿型不同有关，以短果枝和花束状结果枝结果为主的北方群，其结果枝适合密留；以长、中果枝结果为主的南方品种群，留结果枝应适当稀疏。一般在修剪后结果枝的枝头距离保持在 10 ~ 20cm。

（三）结果枝组的培养和修剪

结果枝组是直接着生在主枝、侧枝（副主枝）上的独立结果单位。结果枝组的好坏可直接影响坐果数量。如果在桃树的整形修剪上，只注意主、侧枝的骨架安排，而忽视结果枝组的培养和修剪，会很快出现结果部位上移，内膛枝衰亡，结果平面化，产量下降等不良有后果。

结果枝组是由发育枝、徒长性结果枝以及徒长枝等，经过数年短截促生分枝，产生的长短不同的结果枝所组成。结果枝组按其体积大小和利用时间长短而分为大、中、小三种类型。大型结果枝组多是选用生长旺盛的枝条，留 5～10 节短截，促使萌发分枝，第二年留 2～3 个枝短截，其余枝条疏除，3～4 年即可培养成大型结果枝组。小型结果枝组可用一般健壮的枝条留 3～5 节芽短截，分生 2～4 个健壮的结果枝，便成为小型结果枝组。结果枝组的延长枝，选留枝组顶端的斜生枝不断改变延伸的方向，使枝组弯曲向上生长，抑制上强下弱。

桃树的结果枝组大小和组型，一般认为桃树以培养大、中型结果枝组较好。尤其是北方品种中的某些品种，大型结果枝组挂果多，果实质量高。枝组规格大小提出下述尺寸作为参考，如着生在骨干枝上侧的结果枝组，总长度以 60cm 上下为度，枝组距离约 80cm，南方品种群的枝组可小些，可以每间隔 60～70cm 留一个。结果枝组的组型以圆锥形为好，平顶形的枝组透光不良，结果部位上移快，结果易平面化。

修剪结果枝组，要求注意考虑当年结果和预备来年结果并重，强枝多留果，弱枝回缩更新，注意培养预备枝，尤其是枝组下部要多留预备枝。结果部位要低，以靠近骨干枝的为好。要及时修剪前年上部强旺枝条。促使枝组下部萌发好枝，疏掉密生枝和衰弱枝，调节结果枝均匀分布。如果整个结果枝组生长势强旺，及时疏除全部旺枝和发育枝，留下中壮果枝结果。结果枝组生长 3～4 年需要更新复壮；更新分为全组更新和组内更新两种。当枝组已结果 2～3 年，在枝组附近有新枝，在不影响产量的情况下，可把衰老枝组疏掉，用新枝培养新的结果枝组；组内更新是在枝组缩剪的基础上，大力培养预备枝，同时疏除衰老枝，达到枝组更新。

结果组修剪后枝展幅度大小与枝组年龄大小有关，三年生且幅度约 25cm，四年生枝组约 45cm，五年生枝组约 65cm 即可。结果枝组高度如前述。结果枝组大小不同其寿命也不一样，一般大型枝组寿命长，小型枝组寿命短，3～5 年便干枯死亡。

结果枝配置应大小交错排列，大型结果枝组主要排列在骨干枝背上向两侧倾斜，骨干枝背后也可以配置大型结果枝组。中型结果枝组主要排列在骨干枝的两侧，或安插在大型枝组之间，有的长期保留下来，有的因邻近枝组发展扩大而逐年缩剪以至疏除。小型结果枝组可安排在树冠外围，骨干枝背后以及骨干枝背上

直立生长，有空即留，无空则疏。从整个树冠看，以向上倾斜着生的枝组为主，直立着生、水平着生的为辅，向下着生的要有抬高枝条的开张角度，缩剪更新复壮。结果枝组排列的密度，从全树冠来看，要求冠上稀、冠下密。树冠顶端的枝组无论是中型的或是小型的，其所占空间高度以不超过着生结果枝组的骨干枝枝头为限，以利通风透光并保持骨干枝领导枝的生长优势。

结果枝组上的结果枝的疏除和短截与结果枝修剪相同。南方品种群中多数品种以比较长的结果枝坐果多，约占47％，短果枝次之，徒长性结果枝最少，或不结果。从结果枝本身来看，长果枝条中部的果实质量最好，上部和下部常常结果不良，这是因为长果枝的上部枝条生长时间较长，消耗较多的养料。长果枝下部着生的枝叶较少，产生养料有局限性，所以果实个小。

北方品种群中多数品种，以短果枝和中果枝结果好。而"肥城桃""北京五月鲜"等品种以花束状结果枝和短果枝结果好。因此，修剪北方品种群中的这类品种，不能修剪量过重，以防激起徒长而减少短枝形成数量，影响产量提高。北方品种群的花束状结果枝顶部着果重量较大；短果枝以枝条基部着果重量大。果实的重量大小，与花芽饱满程度和坐果部位附近有无适量的新梢有关。花芽饱满，果实附近有新梢，增加了叶面积，合成营养多，果实个大而重。

桃树果枝着生的姿势能影响结果质量的好坏。中果枝、长果枝一般以斜生枝和直立较好，水平和下垂的长果枝坐果率较低，但所结的单果与其他枝条的单果比较，有的单果较重。原因是水平枝或下垂枝本身生长缓慢，能为果实积累较多的养分，所以果实比较重，短果枝以斜生和直立的结果重量大，水平或下垂的短果枝上结的重量稍轻。这是因为短果枝本身生长势较长果枝弱，直立或倾斜生长的短果枝，由于顶端优势而明显增强枝条和果实生长发育的作用。枝条着生姿不同，与花芽分化和充实度有关，生长期修剪培养果枝，不得不注意。

（四）单枝更新修剪和双枝更新修剪

单枝更新修剪如本章内结果枝修剪所介绍的那样。单枝按负载量留下一定长度短截，在结果的同时抽生新梢作为预备枝，冬剪的选留靠近母枝（二年生的结果枝）基部发育充实的枝条作结果枝，余下的枝条连同母枝全部剪掉，选留的结果枝按结果枝修剪的要求短截。单枝更新修剪简单地说即是在同一个枝上"长出去剪回来"，每年利用比较靠近基部的新梢短截更新，这种周而复始的结果枝更新修剪方法，是当前生产上广为应用的方法。

双枝更新修剪是在同一个母枝上，在近基部选留两个邻近的结果枝，上枝按结果枝修剪的要求短截，当年结果；下枝仅留两个芽短截作为更新母枝，抽生两个新梢叫更新枝。当年结果的上侧枝，到秋季已完成结果任务，冬剪时疏剪掉，而下侧的更新母枝长出的两条更新枝，当年形成花芽而成为结果枝，这两条枝中的上侧枝再按结果枝修剪要求短截，下侧枝仍然是留两个芽短截为更新母枝。如此每年利用上下两枝分别作为结果枝和预备枝的修剪方法叫双枝更新修剪。双枝更新修剪方法在我国生产实践中证明效果不太理想，应用价值不大。因长期使用双枝更新修剪，几年之后更新母枝上长不出健壮的果枝，不利于生产。例如，用长30cm以上的长果枝留基部两个芽短截，下年可抽生两条健壮的好果枝，但同一个母枝上多次用双枝更新修剪，使更新母支长期处在下部位置，由于顶端优势的作用，预备枝的生长势不如顶部的结果枝强壮，预备枝处于下部位置光照不良，所以，预备枝逐年衰弱，如此经过2~3年之后，预备枝只能长出细弱的中、短枝，不仅使产量下降，并且不适合再用双枝更新法修剪。如采用双枝更新修剪的同时，配合上扭梢、曲枝等措施，压低结果枝的部位，使预备枝转变到顶端位置上，借顶端优势的作用，这种预备枝还可以培养出较粗壮的优良长果枝，可连续采用双枝更新。

（五）预备枝的培养

由于枝条逐年生长，结果枝远离骨干枝，且生长势日趋衰弱，这时某些多年生枝基部的休眠芽或单芽枝易萌发新枝，若及时给予适当的管理，可形成良好的预备枝。预备枝修剪方法很多，一般常用的有以下几个。

留双芽短截培养预备枝：短果枝、长果枝，甚至徒长枝，留枝条基部的两个芽短截，促使萌发两条新梢，培养结果枝。这也是桃树修剪常用的培养结果枝组的方法。

长留果枝培养预备枝：向上斜生的结果母枝缩剪，仅留基部的两个果枝，上侧的果枝尽量长留，结果后压弯而下垂，使预备枝上升为顶端枝，可以长成健壮的预备枝。

结果同时培养预备枝：结果同时培养预备枝即是前述的单枝更新修剪方法。这种修剪方法，一般说来效果较好，被生产者广为采用。但有时因修剪过重而发旺枝，如夏季修剪不及时，不但结果部位上移快，还可能影响果实的质量。这种剪法如果用在树冠较开张的南方品种群，如"大久保""岗山白""橘早生"等品种效果较好；对树冠直立的北方品种群如"肥城桃""深州蜜桃""北京五月鲜"则表现效果较差。

利用主枝头作预备枝：树冠直立的北方品种群，可利用主枝、侧枝的领导枝作预备枝，剪留长度约15~20cm，来年可长成结果枝组。在原主枝、侧枝的外

侧选一较开张的壮枝短截作为新的主枝、侧枝的延长枝。

（六）徒长枝的修剪

不能利用的徒长枝尽早从基部疏掉，否则因消耗养分多使主枝早衰。生长在有空间处的徒长枝，应培养成结果枝组。常用的方法：采用曲枝、别枝或在徒长枝生长约15～20cm时（北方约6月上旬）留5～6片叶摘心，促使萌发二次枝，可形成较好的结果枝。如又未能及时摘心，冬剪时留15～20cm重短截，剪口下的1～2芽仍然长徒长枝，可于当年6月摘心（南方应早），如又未摘心，冬剪时可把顶端1～3个旺枝剪掉，下部枝可成为良好的结果枝。

此外，徒长枝可以培养为主枝、侧枝，作更新骨干枝用。剪留的部分要长，剪后最好进行拉枝，使其开张角度合乎骨干枝的要求。

（七）下垂枝的修剪

幼树的下垂枝易形成花芽早结果；"中年树"以斜生枝形成花芽多而好；"老年树"是直立枝，易形成花芽。幼树应利用下垂枝结1～2个果，修剪的剪口留上芽，抬高角度，一般剪留长度10～20cm。

（八）短果枝结果为主的品种的长枝修剪

以短果枝结果为主的品种，如"肥城桃""深州蜜桃""北京五月鲜"等品种，修剪应以疏剪为主，对于选留的长枝，一般不短截或轻短截，下一年在枝条的顶部抽出长枝，下部抽生短枝，这些短枝结几年果就会使这个枝组下垂而衰老，这时应在枝组的基部留1～2个短枝缩剪，促使留下的短枝萌发长枝而得到更新。以短果枝和花束状结果枝结果为主的品种，在幼树期和盛果初期应尽量多留上述的结果枝组，可使树势缓和，到盛果期树势渐弱，疏掉一部分这类型的枝组。

三、不同年龄时期整形修剪特点

桃树从嫁接幼苗开始到树体衰老为止，要经过几个年龄时期。所谓年龄时期，指的是在某一段年龄内，树体的生长发育特点比较近似，对整形修剪要求，有较大的共同性，把这一段的年龄划作一个时期，叫年龄时期。每个年龄时期的树形特点、修剪特性各有差异，如树冠的结构和形状，枝条生长势的强弱，生长枝条的大小以及结果枝数量多少等不尽相同。因此，对不同年龄时期桃树的整形修剪要求也不相同。现将不同年龄时期整形修剪的特点以及各类枝条修剪要求分述如下。

（一）幼树期

桃树的幼树期（4～5年生以前）与其他果树近似。其主要特点是生长旺盛，常常萌发大量的发育枝、徒长性结果枝、长果枝以及大量的副梢,花芽少并且着生的节位高,坐果率低。这个年龄时期的整形修剪任务是尽快扩大树冠,基本上完成整形任务,迅速培养各类结果枝,促使早结果丰产。因此,幼树修剪量宜轻不宜重。试验证明,轻剪长放的树体比较健壮,产量高。冬季修剪骨干枝延长枝,按整形章节内所叙述的要求短截,树冠外围适当疏枝,其余枝条一律不剪,尽量保留辅养枝,结果枝不"打头",利用副梢和二次副梢结果。这样修剪看起来较紊乱,结果部位上移快,待到定植后的第四年,即是开始大量结果后,开始短截某些枝条培养更新枝,结果枝短截,减少花量,培养结果枝组,同时还要作好生长季节的除萌、剪梢、摘心、扭梢、曲枝、缚枝等技术措施,可以减轻冬季修剪量,既达到幼树修剪量轻,树形也不致于紊乱的目的。骨干枝轻剪长放,加大开张角度缓和树势。剪截长度应按枝条生长势强弱来定,南方品种群可留长50cm以上;而北方品种群生长势较南方品种群旺盛,可不短截或轻截长放。剪留长度的适宜标准是促使骨架坚硬,提高负载果实的能力,但以不刺激枝条徒长为限;也不要剪量过轻,造成下部无枝脱节。

侧枝的培养,最好选留剪口下第 3~4 芽枝作侧枝,因为这种枝分枝角度较大,生长势比较合适。如选用竞争枝作侧枝,因分枝角度和开张角度都小,并且枝位较高,生长势旺盛,易破坏主枝、侧枝之间的从属关系。侧枝剪留长度应比主枝短,约为主枝长度的 2/3~3/4。调节好主、侧枝的方位角和开张角。

在本期内开始培养结果枝组,因树体生长旺盛,徒长性结果枝、徒长枝多,只要加强夏季修剪如曲枝、摘心等,促使中、下部发枝,很快就能培养成大型结果枝组,或者通过剪截等方法,也可以培养出较好的结果枝组。

(二) 盛果期

定植后 6~7 年进入盛果期 (6~15 年)。盛果期维持年限长短与品种、管理水平、栽培密度、树形等条件不同而有较大的差异,一般可以维持 10~15 年;如土壤管理好,修剪细致,盛果期还可以延长。盛果初期树的生长势仍然很旺盛,树冠继续向外扩展。这时的修剪要保持树势平衡和良好的从属关系,既要操持足够数量的营养生长,又要适量结果,注意结果枝组的培养和更新。骨干枝顶端少留枝组,下部枝组要适当扩大。盛果期的中、后期,生长势逐渐趋于缓和,树冠不再扩大。各类枝组培养齐全,结果总数增加,产量上升,由于结果量增多,树冠下部中、小型结果枝组逐渐衰老死亡,盛果期的中、后期修剪要"压前促后",注意培养与选留预备枝,防止树体早衰和结果部位上移。预备枝的留量因树冠高低部位不同而有差异,在树冠的上部可多留结果枝,少留预备枝,每留两个结果枝需配置一个预备枝（即2：1）；树冠中部为1：1，树冠下部为1：2较为合适。这一时期的修剪量要根据品种、树龄、枝条着生部位和树势来定。如短果枝、花束状结果枝占总果枝数的70%左右，说明树势已衰弱，宜重剪；不超过65%的宜轻剪。维持树体的旺盛生长势，保持主从关系分明，树势平衡，更新结果枝组，防止内膛光秃。

盛果期骨干枝延长枝修剪，修剪量相对的加重，一般剪留长度为30～50cm。树冠停止扩大后，可先缩剪到2～3年生枝上，使其萌发出一年生的新枝，冬剪时再剪在一年生枝上，2～3年后再缩剪，这样缩剪放交替结合使用，保持骨干枝延长枝的生长势及树冠的大小。侧枝的修剪，上部侧枝应重短截，下侧枝应轻短截，维持生长势，延长其结果年限。调节好侧枝角度，保持侧枝生长势中庸。

盛果期结果枝组的修剪，主要是更新枝组维持结果能力。当结果枝组发枝率降低，萌发大量的细弱枝和花束状结果枝，结果部位上移，说明结果枝组衰弱，需要回缩更新，连同母枝截去顶部1～2个旺果枝，留中部和下部的中果枝和短果枝，达到结果的同时又发出健壮新枝。过分衰弱的小型枝组，可回缩到花束状结果枝或极短枝处，以求萌发壮枝更新枝组。远离骨干枝的细长枝组或上强下弱枝组，都要及时回缩修剪。降低高度或促使下部萌发壮枝，高度合适的壮枝，可以疏除旺枝，不必回缩。侧生枝组或外围枝组的修剪，原则上类似侧枝。

（三）衰老期

桃树进入衰老期早晚及生产能力大小，因品种和管理水平不同而有较大的差异，有的25年生的桃树还能亩产1 500～2 000千克，有的40年生的桃树产量还很高，也有的桃树生长到10～15年已衰亡。在同一个园内，"晚黄金"和"离核水蜜"等品种比"大久保""岗山白"寿命长。衰老树的表现是：骨干枝延长枝的生长势进一步衰弱，年生长量不足20～30cm，中果枝、短果枝大量死亡，大枝组生长衰弱。由于桃树萌芽力强，隐芽数量少，且寿命短，因此树冠下部不易萌发新枝而呈现下部下秃，全树结果数量大减，残存多量短果枝和花束状结果枝，产量显著下降。

因此，早在盛会果期就应着手更新修剪，保护多年生枝上的发育枝，利用徒长枝更新。山东肥城的果农此期分次进行修剪，剪去一二级骨干枝的3～4年生部分，促进以下分枝或徒长枝旺盛生长，可延长结果年限。如配合施肥、灌水、效果更为理想。但在第一年重剪之后，第二年应轻剪，使其迅速恢复树冠。对侧枝和多年生结果枝应缩剪，刺激下部萌发新梢。结果枝也应重剪，多留预备枝。

四、桃树生长期修剪

桃树生长期修剪包括春、夏、秋三季的修剪。生长期修剪可以调节生长发育，减少无效生长，节省养分，改善光照，加强养分的合成，调节主枝角度，平衡树势，促进新梢基部花芽饱满，提高果实的产量和品质。幼树的生长期修剪，对于早成形、早结果起决定性作用。旺长枝摘心，可以促使萌发二次枝，加速树冠成形，提早结果。无用枝、过密枝或徒长枝在嫩梢期及早除萌，可避免消耗养分和扰乱树形；对于旺长新梢可在木质化之前摘心或扭梢，抑制其旺长，促使形成结果枝。

桃树生长期修剪比冬季修剪的作用更大，冬季修剪是在生长期修剪的基础上进行的。合理、及时的生长期修剪，可以减轻冬季修剪量。生长期修剪因品种、树龄、树势、气候条件不同而异。从生产实际上看，因劳力多少不同，而修剪次数不等，少者2次，多者5次，一般是3次。生长期修剪时间从4—5月（芽萌动）开始到8月前后这一段时间都可以进行。

桃树生长期的修剪技术有以下几项措施。

（一）抹芽、除萌

抹掉树冠内膛的徒长芽，剪口下的竞争芽。

芽萌发后生长到5cm时，把这个嫩梢掰掉叫除萌。一般双枝"去一留一"即是在一个芽位上如发出两个嫩梢，留位置、角度合适的嫩梢，掰掉位置、角度不合适的嫩梢，幼树除强梢留弱梢。

通过抹芽、除萌，可以减少无用的新梢，改善光照条件，节省养料，促使留下的新梢健壮生长，并减少冬剪因疏枝而造成的伤口。

（二）摘心

摘心是把正在生长的枝条顶端的一小段嫩枝连同数片嫩叶一起折除。摘心使枝条暂时停止加长生长，把养料转向充实枝条，有提高花芽的饱满度，以及充实枝条基部芽等良好的效果。桃树的枝条如果不摘心，花芽或饱满的花芽多分布在枝条的中上部，因此，冬剪必须长留，造成结果部位迅速上移，如果摘心控制枝条的加长生长，可以促使枝条下部形成花芽，且充实饱满，结果部位不致于迅速上移。

在新梢生长前期，留下5~7节摘心，促使提早萌发副梢，这样的副梢可以分化较饱满的花芽成为结果枝。桃树摘心是生长期修剪必不可缺的技术措施。绝大多数的枝条都需要摘心。

(三) 扭梢

扭梢是指把直立的徒长枝和其他旺长枝扭转180度，使向上生长扭转为下。桃树扭梢多数是为改造徒长枝为结果枝，也取得改善光照的效果。扭梢时期，以新梢生长到约30cm，但还未木质化时为宜。扭梢部位，以在枝梢基部以上5～10cm处为适，把枝条扭向生长的相反方向，并掖在下半侧的叶掖间，防止被扭枝梢重新翘起，生长再变旺，达不到扭梢的目的。有的旺枝扭梢后，在扭曲冒出新条，如不及时控制，又形成旺条。因此，应把冒出的新条再一次扭梢。这样连续扭梢也可能形成结果枝。延长枝的竞争枝、骨干枝的背上枝、短截的徒长枝和旺长枝，大伤口附近抽生的旺枝都应及时扭梢，控制旺长，使其转化为结果枝。用副梢作延长枝开张主枝的角度，控制枝条过分生长，促进侧枝生长，除了被选定为延长枝的副梢不扭梢外，原主枝延长枝及其上发生的其他副梢可全部扭梢，使它们转化为充实的结果枝。被选留的副梢能长成既开张而又粗壮的主枝延长枝，同时也促进了侧枝的生长。这样作既可"控上促下"增加结果枝组，又可减少修剪量，缓和树势。

(四) 摘心与扭梢相结合

有些徒长枝仅靠一次扭梢常不能形成理想的枝组，需先摘心后扭梢，两者结合使用，才能收到良好的效果。当新梢长到20～30cm时，摘掉新梢顶部嫩梢，待抽出1~3条副梢，长度达到30cm左右时再扭梢。经这样处理，枝量增多，营养分散，枝组生长势稳定。

(五) 短截新梢

短截新梢能促进分枝，再把分枝培养成结果枝。短截还能改善光照和缓和枝条的生长势力。短截新梢培养的果枝不如扭梢效果好。短截时期过早仍然长旺枝，一般在5月下旬到6月上旬短截，可以抽出两条结果枝。短截过晚抽出的副梢形成的花芽不良。短截长度以留基部3～5个"明芽"为好，为了改善光照，充实下部枝条，幼树在枝梢停止生长后进行剪梢，北方一般在8月以后进行，对摘心后形成的顶峰丛状副梢，留下基部的1至2条较好的副梢，把上部的副梢"剪掉"。

南方一般在6月底到7月上旬，8月底到9月上旬，进行两次剪梢。枝梢停长早的相应的提前剪梢。

(六) 拉枝

拉枝是缓和树势，提早结果，防止枝干下部光秃无枝的关键措施。拉枝一般在5—6月进行，这时树液早已流动，枝干变软，容易拉开定形。但是一、二年生幼树的主枝不可过早拉开，一般到6—7月才能拉枝；如过早拉开，削弱新梢生长，影响主枝的形成。对于三年生以上的大枝，可以适当提前，在5—6月进行拉枝。主枝、侧枝按树形所要求的角度拉开。如果把侧枝或大枝组拉成开张角度近80度，被拉枝的上、下部都能抽出枝条，少出现下部空虚光秃现象。拉枝不能拉成水平或下垂状，否则会使被拉枝先端衰弱，后部背上枝旺长；如果角度开张不够大，容易产生上强下弱，下部光秃；不能拉成弯弓，否则在弯曲突出部位易抽生强旺枝，达不到拉枝的目的。拉枝方法可因地制宜，采用"拉、撑、吊、别"等方法都可。

（七）环状剥皮、刻伤

环状剥皮简称环剥，把枝条的皮层按一定宽度剥掉一环，切断筛管，阻止合成的养分向下运输，相对的增加了剥环上部的营养，利用这些营养物质提高花芽的质量和结实的能力；刻伤是在芽的上方或下侧，或者在着生枝部位的上侧或下侧用刀刻伤，深达木质部切断局部的养分运输，取得促进萌芽、长枝或者抑制萌芽、长枝。这些技术一般用在辅养枝上以及直立性的大型枝组上。环剥位置应在将来缩剪的位置，完成了结果任务之后，把它回缩剪掉。环剥、刻伤时期一般是在冬剪时或开花后进行。环剥的宽度以被剥处皮层厚度为准，即皮多厚就剥多宽，剥环最好不剥通，保留一定宽度的营养通道，不致于产生枝弱、叶黄、易落果等弊病。有时也可以用深刻代替环剥。

第五节　桃树的土、水、肥管理

一、土壤管理

深翻：在土壤黏重的桃园，为了改良土壤，在行间进行深翻，深60cm左右，结合施有机肥料。砂石地桃园也进行深翻，掏砂石换土，结合施有机肥料。深翻对连年丰产起着良好作用。

秋耕：在落叶前后结合施有机肥进行，深20～30cm。

间作：桃园间作物可用豆类、瓜类、草莓、花生等。也可以种绿肥如毛叶苕子、苜蓿。无论种何种作物，都要留足树盘，及时施肥灌水及中耕除草等工作。

二、灌水

桃树虽耐旱，但自萌芽到果实成熟，需充足的水分。灌水一般在萌芽前，开花后和硬核开始期。每次施肥后都要灌透水。秋季一般不灌水，冬初灌水1次。

桃树怕涝，如果连续积水两昼夜会造成落叶，甚至死亡。秋季多雨，应注意挖排水沟。

三、施肥

桃树对三要素的需要以氮、钾为主，对磷需要量较少。

桃树新梢生长量大，果实大，对氮素较敏感，幼树各初结果树氮素过多易引起新梢徒长和延迟结果，加重生理落果，因此要适当控制氮肥施量。随树龄增大及产量增加，需氮量也增加。氮素不足时，新梢生长量小，枝条细而短，影响花芽分化，同时果实小，色泽差，品质低，枝与芽抗寒力下降。桃需磷量比氮、钾少，主要作用是使传粉受精良好，增加果实含糖量和促花芽形成。缺磷时果实晦暗，肉质松软，味酸，果实有时有斑点或裂皮。桃需钾多，钾充足时果个大，含糖量高，缺钾时，果实小、畸形、早熟、叶卷而成灰绿色。

桃树适宜的施肥量和氮、磷、钾的比例，应根据品种、树龄、树势、产量、土壤肥力、肥料性质、气候条件等因素而综合分析决定。一般每生产 50kg 果，需施入基肥 50~100kg，纯氮 0.4kg，磷 0.3kg，钾 0.5kg。

第六节　桃树的疏花、疏果和定果

桃树是一种多花多果的树种，在开花结果初期，常是大量开花，形成过量的幼果。这样由于营养不够分配，往往造成严重的落花落果。但以栽培观点来看，经过落花、落果后的自然坐果率也是高的，由于坐果过多，影响树体发育，树势衰弱，果实个体小，品质降低，并且影响花芽分化的数量和质量，使下年产量降低，常导致"大小年"结果。因此，现将人工疏花、疏果和定果的方法介绍如下。

一、疏花

人工疏花一般是在蕾期和花期进行。如果这时遇到低温或多雨，可以不疏或晚疏。疏花比疏果省工，节省树体内的养料比疏果多。要求疏花迫切的是不易冻花和坐果率高的品种，如"大久保""岗山白""岗山 500 号""初香美""杭州水蜜""早生水蜜""玉露""田中早生"等。

疏花方法：先疏基部花，留中、上部花；中、上部花则疏双花，留单花。预备枝上的花全疏掉。

二、疏果和定果

（一）疏果和定果时期

疏果可以进行两次，第一次粗疏，第二次定果。当桃的幼果长到玉米粒大小时，进行第一次疏果，一般是在 5 月上、中旬进行。待第一次疏果后约 10d，幼树果膨大，出现大小果后，硬核期前进行细致定果。如劳力不足，也可以一次定果。疏果应考虑下述情况。

当年春寒，开花不整齐，花量少，低温影响授粉受精，就应当少疏轻疏，若气温正常，花期天气晴朗，授粉良好，坐果多可以早疏。

不同品种疏果早晚不同，坐果率高的，不易产生冻伤僵芽的品种，如"大久保""离核水蜜""橘早生""岗山白""传十郎"等品种应当早疏；坐果率低的，易产生僵芽的品种，如"深州蜜桃""北京五月鲜""肥城桃""晚黄金"等，应当晚疏。

"大年"可早疏，"小年"可晚疏或不疏。

成年树宜早疏，积极地节省养料促进树体生长，幼树可适当晚疏。

（二）疏果和定果方法

疏果与肥水管理、修剪都有直接关系。肥水条件好、树壮，可以多留果，修剪留下的结果枝多而长，每个结果枝上应适当少留果；结果枝稀少，果实易遭受伤害的果园，如风沙大的果园，应适当多留果。

疏果的操作顺序，先疏下部、外部、后疏树冠上部、内部；先疏大枝后疏小枝。定果数量的原则要求壮树多留，弱树少留，壮枝多留，弱枝少留；树冠下部生长势力较弱的少留，树冠上部可以多留。着生在二三年生枝上的果枝生长势力强旺，可以多留果。

疏果先疏双果、病果、虫果、伤害果以及畸形果，然后再疏密生果和小型果。长果型的品种疏圆形果。骨干枝的领导枝上一般不留果，以防影响其生长。结果枝的定果数量，以大型果品种为例：长果枝约留 3 个果，中果枝 2 个果，短果枝约留 1 个果。如果是小果型品种还可以适当多留果。长果枝留中部侧生果，疏掉长果枝上部、下部果，疏掉向上和向下着生的果；短果枝留顶部果。最后定果距离一般要求 10~15cm。北方品种群应多留，南方品种群可少留。

总之，定果数量要求根据品种特性、树势强弱、枝条类型、肥水条件、病虫害和自然条件等不同情况灵活掌握。

第七节 桃树的病虫害防治

一、病害防治

桃的主要病害是桃褐腐病、炭疽病、细菌性穿孔病、褐锈病、仓痂病等。

从防治手段来说，关键是做好清园工作，刮除病斑、病瘤，清除枯枝、落叶和病僵果等，带出园外烧毁或深埋。在桃萌芽前喷 5 波美度石硫合剂，对果实病害可用套袋来加以解决，套袋前 1～2d 全园喷洒一遍 50% 多菌灵 600 倍加杀虫剂。桃细菌性穿孔病可在展叶后用 1∶2∶240 式硫酸锌石灰液每隔 7～10d 喷一次，前后喷 2～3 次，效果良好。桃褐腐病则须花落后 10d 起每隔半个月喷 0.3 波美度的石硫合剂或 1 000 倍退菌特液。

二、虫害防治

（一）红颈天牛

6 月成虫发生时期，组织人力于午间在主干与主枝交叉处捕捉成虫。经常检查树干，发现虫粪，即挖除树皮内幼虫。针对老龄幼虫，可用棉絮浸吸敌敌畏原液，塞到排粪孔内，并用土封闭孔口，效果良好。

（二）桃蛀螟

消灭越冬虫源、及时套袋，不套袋的实行药剂防治，在成虫羽化及产卵期（也即 5 月中旬）用 50% 杀螟松 1 000 倍液 10～12d 喷一次，效果较好。

图 6-5 蚜虫为害桃新梢

（三）蚜虫

3 月下旬到 4 月上旬，喷 40% 乐果乳剂 2 000 倍液或马拉松乳剂 800 倍液。蚜虫为害桃新梢如图 6-5 所示。

（四）桃象鼻虫

桃象鼻虫又名桃虎，可利用其假死性，于 4 月成虫出现时摇晃树干，捕杀成虫。也可在桃树开花前将杀虫剂撒于树冠下，杀死出土越冬害虫。

参 考 文 献

冀卫荣，原贵生.2006.经济林病虫害防治［M］.北京：中国社会出版社.

庞正荄.2009.经济林病虫害防治技术［M］.南宁：广西科学技术出版社.

彭方仁.2007.经济林栽培与利用［M］.北京：中国林业出版社.

谭晓风.2013.经济林栽培学［M］.北京：中国林业出版社.

王立新，王法格，王森.2014.50种经济林果丰产栽培技术［M］.北京：中国农业出版社.

王立新.2003.经济林栽培［M］.北京：中国林业出版社.

杨建民，黄万宋.2004.经济林栽培学［M］.北京：中国林业出版社.

原双进，晏正明.2008.经济林优质丰产栽培新技术［M］.西安：西北农林科技大学出版社.